滇版精品图书

鸟巢翎萃

云|南|珍|稀|鸟|类|鉴|赏

A Variety of Birds

Photo Album of Rare Birds in Yunnan

学术顾问　王紫江 / 张雁鸮　编著

摄影　张雁鸮

云南大学出版社
YUNNAN UNIVERSITY PRESS

图书在版编目（CIP）数据

鸟集翎萃：云南珍稀鸟类鉴赏 / 张雁鸽编著. --
昆明：云南大学出版社，2023
ISBN 978-7-5482-4760-9

Ⅰ. ①鸟… Ⅱ. ①张… Ⅲ. ①鸟类－云南－图集
Ⅳ. ①Q959.708-64

中国版本图书馆CIP数据核字(2022)第257424号

鸟集翎萃

云｜南｜珍｜稀｜鸟｜类｜鉴｜赏

NIAOJILINGCUI

YUNNAN ZHENXI NIAOLEI JIANSHANG

学术顾问　王紫江 / 张雁鸽　编著

策划编辑：赵红梅　刘　雨

责任编辑：蒋丽杰　陶燕燕

装帧设计：刘　雨　理雅图文

版　次：2023年1月第1版

印　次：2023年1月第1次印刷

书　号：ISBN 978-7-5482-4760-9

出版发行：云南大学出版社

制　版：昆明理雅电脑图文设计有限公司

印　装：昆明理煋印务有限公司

开　本：787mm×1092mm　1/16

印　张：21

字　数：250千字

定　价：380.00元

社　址：云南省昆明市一二一大街182号（云南大学东陆校区英华园内）

邮　编：650091

电　话：（0871）65033244　65031071　65035689

网　址：http://www.ynup.com

E-mail：market@ynup.com

若发现本书有印装质量问题，请与印厂联系调换，联系电话：0871-64167045。

前言

王紫江

云南新平石羊江河谷绿孔雀栖息地

云南，中华大地上一片神奇的土地，这里地形地貌复杂，海拔高差极大，包含了地球上从热带到寒带的多种气候类型，素有"植物王国""动物王国"的美誉，特别是形成了适宜各种鸟类生存的得天独厚的自然条件，是全国鸟类资源最丰富的省份，所记录的种数多达945种，占中国鸟类种数1445种的65.4%，其中包括绿孔雀、花冠皱盔犀鸟、红梅花雀、血雀等诸多珍稀种类。云南是鸟类观测、鸟类研究、鸟类摄影的圣地。

为贯彻落实习近平总书记"绿水青山就是金山银山"

野生绿孔雀

云南德宏瑞丽绯胸鹦鹉种群

的新发展理念，展示云南在新时代奋进发展的美好画卷，向全社会传播"关爱自然就是关爱地球、保护自然就是保护地球"的理念，通过宣传鸟类知识，展示大自然生态环境下鸟类优美的生活姿态，让人们感知生物多样性对地球的重要性，号召全社会关注鸟类生存状况，动员全社会尊重自然、顺应自然、保护自然。

地球是人类赖以生存的家园，良好的生态环境是最普惠的民生福祉，珍爱和呵护地球是人类的唯一选择，希望广大民众在感受自然之美、学习鸟类科普知识的同时，迸发出更大的生态自觉，坚持人与自然和谐共生，自觉践行绿色生活、绿色生产，为共同建设美丽中国、美丽云南贡献力量！

云南德宏盈江铜壁关犀鸟栖息地

山光悦鸟性　摄影空人心

　　身边爱鸟的人很多，表达爱的方式各不相同。有的去花鸟市场买回俊俏的鸟儿和精致的笼子，早晚提着鸟笼溜达溜达。有人不惜重金购得聪明伶俐的讨喜鸟，稍加调教便会说话逗笑。有的或饭后坐在电视机前，捧杯热茶，欣赏动物世界鸟之系列；或拿出手机，搜寻相关知识、图片，不出门而知天下鸟事。

　　有人爱鸟，跋山涉水、起早贪黑，只为定格鸟儿轻盈、优雅、惊艳的一瞬间，张雁鸰就是这样一个鸟痴。退休后，他常年背着二十多公斤的摄影器材，深入路不通、车不到的云山深处，拍下数万张照片，其中不乏极少被镜头捕捉到的珍稀种类，眼前这本精美的《鸟集翎萃》正是他多年来不辞辛苦付出的收获。

　　张雁鸽爱鸟，是巧合也是缘分。在他的名字中，雁是一种鸟，鸽也是一种鸟，有朋友称他张飞鸟。他飞遍世界各地，欣赏自然风光，考察建筑与文化、环境的关系，过去十多年在风光和建筑摄影方面颇有建树，其作品精选《寻觅与呈现》，一本反映云南传统聚落和古建筑的摄影专著，今年刚出版问世。

　　张雁鸽热爱大自然，他想做一只鸟，在大自然中自由飞翔，去云山深处和树与光为伴。从他的拍鸟随笔不难看出，按下快门的那一瞬间固然带来满足和欣喜，长达数小时一动不动地观鸟同样让人沉醉，他笔下的拍鸟随感和镜头中的百鸟图一样趣味盎然。

　　小鸟每一次冲向天空的飞翔，都是一次自我解放。鸟鸣婉转，让生命的礼花在空中绽放。此乃有我之境。

　　观鸟拍鸟，目所尽收，小鸟在空中的姿势是很美的，远处的鸟儿煽动双翼，近了，鸟儿便最大化张开双翼，任身子在气流中滑行，再近了，便是一个优雅的弧形身形，翼微微地收缩，又近了，暮地收起羽翼，戛然而止，身子已稳稳地站在了枝头上或是巢沿上……无我之境也。

王国维曰：有我之境，以我观物有，故物皆著我之色彩。无我之境，以物观物，故不知何者为我，何者为物。观张雁鸧镜头下之风光摄影，精致唯美，没有半点人间烟火气，私下以为在其间迷失固然好，心却还有一点点不甘。眼前的百鸟图却不然，它们让我在有与无之间徘徊，不觉忘了人间，忘了烟火，忘了自我。

金 蕾
2022年12月写于美国印第安纳州拉法耶特

阅读说明

鸟种所属目和科

鸟种英文名

鸟种学名、别名、外形特征
生活习性、保护及濒危等级、拍摄地点

目　录

彩云之南

云南地处中国西南，位于北 21° 8'32"—29° 15'8" 和东经 97° 31'39"—106° 11'47" 之间，素有"彩云之南"的美誉。全境东西最大横距864.9千米，南北最大纵距900千米，总面积39.4万平方千米。北回归线穿云南而过，全省分属热带、亚热带气候，兼具低纬气候、季风气候、高原山地气候的特点。

云南省是一个以高原山地为主的省份，地形的类型极为多样化，包括高原、山原、高山、中山、低山、丘陵、盆地、河谷等。其中山地大约占84%，高原、丘陵约占10%，盆地、河谷约占6%。云南省的主要山脉有高黎贡山、怒山、哀牢山、无量山、梅里雪山、玉龙雪山、苍山等。

云南降雨充沛，境内河网密布，集水面积100平方千米以上的河流有900多条，主要河流有180多条，著名的河流有金沙江（长江上游干流）、澜沧江（湄公河上游干流）、元江（红河上游）、南盘江（珠江正源）、

怒江（萨尔温江上游）、大盈江（伊洛瓦底江上游）六大河流。云南境内高原湖泊众多，其中水面面积30平方千米以上的有滇池、洱海、抚仙湖、程海、泸沽湖、异龙湖、星云湖、杞麓湖、阳宗海九大湖泊。

云南独特、多样的自然环境为各种生物的起源、演化和繁衍提供了适宜的生存环境。全省土地面积仅占中国陆域国土面积的4.1%，但拥有丰富的物种资源、遗传资源及复杂多样的生态系统。在物种多样性方面具有以下特点：一是物种种类多，在全国范围内占比大，且很多为重点保护物种；二是珍贵的遗传种质资源丰富。生态系统多样性方面，全省拥有除海洋、沙漠外的所有生态系统类型，是中国 17 个生物多样性关键地区之一，也是全球生物多样性热点地区的核心和交汇区域。

同时，云南是中国乃至世界的"物种基因库"，不仅拥有大量具有经济价值的物种，

还分布着众多的子遗种、特有种和稀有种，是很多物种的起源和分化中心之一，也是中国种子植物特有属的重要分布地区之一。因此云南被称为"动植物王国""药材宝库"。

云南几乎集中了从热带、亚热带至温带甚至寒带的植物品种。在全国约3万种高等植物中，云南已经发现了274科，2076属，1.7万种。云南独特的气候和地理环境，形成了寒、温、热带动物交汇的奇特现象。有脊椎动物1856种，脊椎动物中兽类有300种，鸟类有945种，爬行类有143种，两栖类有102种，淡水鱼类有366种；昆虫有1万多种。鱼类中有5科40属250种为云南特有。鸟兽类中有46种为国家一级保护动物，154种为国家二级保护动物。

此外，云南省少数民族众多，有着丰富多彩的民族文化。千百年来，各少数民族的居住、饮食、医药、风俗等与当地的生物多样性息息相关，他们在长期的生产生活实践中积累了大量的生物资源保护利用的传统知识与技术，其中很多有着丰富的生物多样性保护内涵，支持并丰富了生物多样性的存在，而当地的生物多样性则又孕育了各民族的文化多样性，成为文化多样性形成的基础。

多年来，云南省委、省政府高度重视生物多样性保护工作，在全省各级各部门和社会各界的共同努力下，积极推动生物多样性

滇金丝猴

云南省生物多样性保护条例

云南省环境保护厅印
二○一八年十月

亚洲象

保护，并取得了显著成效。

云南生物多样性保护的主要举措有，一是战略规划统筹推进，二是政策法规保护体系不断完备，三是积极开展生物资源及生物多样性调查与评估，四是就地保护与迁地保护齐头并进。

云南省生物多样性保护成效显著，主要体现在以下几个方面。

一是各类生态系统及国家重点保护野生

动植物得到有效保护。经过多年建设，云南省形成了较为完善的就地保护体系，使全省90%以上的典型生态系统和85%的珍稀濒危野生动植物得到有效保护。近20年来，云南省还全面实施了石漠化治理、天然林保护、重点生态治理修复、退耕还林、湿地保护与恢复等各项生物多样性保护工程，促进了退化生态系统和野生物种生境的恢复，有效保护了生物多样性。

二是成功启动了多项极小种群野生植物保护项目。云南省是第一个开展极小种群野生植物保护的省份。2018年，云南省政府颁布的《云南省生物多样性保护条例》开创了我国生物多样性保护地方立法的先河，这是我国第一部生物多样性保护的地方性法规，弥补了以往法律法规保护范围有限等的不足，其中将极小种群野生植物及其遗传资源的保护作为优先考虑的内容。

三是与生物多样性保护相关的科研机构

2020 年联合国生物多样性大会
COP15-CP/MOP10-NP/MOP4
生态文明：共建地球生命共同体
中国·昆明

2020 UN BIODIVERSITY CONFERENCE
COP 15 - CP/MOP10-NP/MOP4
Ecological Civilization-Building a Shared Future for All Life on Earth
KUNMING·CHINA

2021 年联合国《生物多样性公约》第十五次缔约方大会（COP15）在昆明召开

和平台建设加强。自 20 世纪 80 年代以来，云南各高校及科研院所的研究人员就一直在开展生物多样性研究工作，奠定了云南生物多样性研究平台建设的基础。同时，各科研机构和相关部门也开展了大量有关生物多样性调查、监测、评估方面的工作，其在生物多样性监测与科学研究、科普教育和生态示范等方面发挥了重要作用。

我国生物多样性保护
取得积极进展

党的十八大以来，以习近平同志为核心的党中央始终把生态文明建设和生态环境保护摆在治国理政的重要位置。总体上看，"十三五"时期是我国生态环境质量改善最大的5年，也是生态环境保护事业发展最好的5年，认识程度之深、政策举措之实、投入力度之大、群众满意度之高前所未有，为"十四五"加强生态环境保护、深入打好污染防治攻坚战，探索积累了不少成功做法和宝贵经验。

党的十九届五中全会将"生态文明建设实现新进步"作为"十四五"时期经济社会发展主要目标之一，将"广泛形成绿色生产生活方式，碳排放达峰后稳中有降，生态环境根本好转，美丽中国建设目标基本实现"作为到2035年基本实现社会主义现代化的远景目标之一，单独用一部分对"推动绿色发展，促进人与自然和谐共生"做出具体部署和安排，明确要求深入实施可持续发展战略，促进经济社会发展全面绿色转型，建设人与自然和谐共生的现代化。

针对履行联合国《生物多样性公约》，我国在国际上率先成立了生物多样性保护国家委员会，统筹全国生物多样性保护工作，发布和实施了《中国生物多样性保护战略与行动计划（2011—2030年）》和"联合国生物多样性十年中国行动方案"，实施多项生物多样性保护重大工程。我国生物多样性保护取得积极进展，具体表现在以下几个方面。

一是政策法规体系不断健全。我国先后出台了《生态文明体制改革总体方案》《关于划定并严守生态保护红线的若干意见》等文件。2020年，我国颁布《生物安全法》，修订《动物防疫法》《湿地保护法》《野生动物保护法》《渔业法》等法律法规，全国人大表决通过《关于全面禁止非法野生动物交易、革除滥食野生动物陋习、切实保障人民群众生命健康安全的决定》，生物多样性

大熊猫

朱鹮

藏羚羊

麋鹿

法规体系日趋完善。

二是生态空间保护力度不断加大。我国划定并严守生态保护红线，为至少 25% 的陆地和海洋面积提供了严格保护，涵盖了 95% 的珍稀濒危物种及其栖息地，近 40% 的水源涵养、洪水调蓄功能以及 32% 的防风固沙功能，固碳量约占全国的 45%。中共中央办公厅、国务院办公厅先后印发《建立国家公园体制总体方案》，推动建立以国家公园为主体的自然保护地体系。截至目前，12 个省份已开展了国家公园试点，总面积超过 22 万平方千米，覆盖陆域国土面积的 2.3%。

三是生物多样性调查观测体系初步建立。依托实施生物多样性保护重大工程、科技基础资源调查专项等项目，组织开展全国重要区域、重点物种和遗传资源调查、观测与评估。收集整理覆盖全国 2376 个县域的 37960 种动植物物种，调查记录超过 210 万条，发布了中国生物多样性红色名录——高等植物、脊椎动物和大型真菌卷。

四是生态系统保护和修复成就显著。实施山水林田湖草生态保护修复、天然林资源保护、退耕还林还草等重大生态保护与修复工程，森林覆盖率已由 20 世纪 70 年代初的

普氏野马

藏野驴

12.7% 提高到 2018 年的 22.96%。2020 年 7 月，联合国粮农组织（FAO）发布报告称，中国森林净增长量世界第一，是全球森林资源增长最多的国家。我国还在重点生态功能区实施了 25 个山水林田湖草生态保护修复试点工程，为一体化保护和修复做出了有益探索和示范。

五是我国重点野生动植物保护取得积极成效。我国先后实施了大熊猫等濒危物种和极小种群野生植物的系列专项保护规划或行动方案，建立 250 处野生动物救护繁育基地，促进了大熊猫、朱鹮等 300 余种珍稀濒危野生动植物种群的恢复与增长。大熊猫野生种群从 20 世纪七八十年代的 1114 只增加到 1864 只，藏羚羊野外种群恢复到 30 万头以上，濒临灭绝的野马、麋鹿重新有了野外种群。同时，基本完成了苏铁、棕榈和原产我国的重点兰科、木兰科植物等珍稀野生植物的种质资源收集保存。

云南鸟类资源概况及保护开发

（一）鸟类资源概况

云南省地处祖国西南边陲，地形复杂，气候独特，森林类型多样，适合许多鸟类生活，因此成为我国鸟类最多的省份。《云南省生物物种名录（2016版）》的统计数据显示，云南省共有鸟类945种，占我国鸟类种数的65.4%。云南省鸟类不但种类繁多，而且还有不少特有和珍稀种类，如绿孔雀、黑颈鸬鹚、双角犀鸟、白喉犀鸟、棕颈犀鸟、大灰啄木鸟、金背啄木鸟、兰八色鸫、黄胸织布鸟等120余种在国内仅分布于云南，它们中的许多种都是珍贵鸟类。

云南省的鸟类从区系成分和地理分布类型来看也显得十分复杂，虽以东洋界成分为主，但也有古北界成分。还由于地形复杂，受非地带性因素的强烈影响，云南鸟类呈现垂直分布的明显差异和较多的亚种分化。

由以上情况看来，云南是我国鸟类分类、生态、动物地理、自然区划、自然保护和鸟类资源开发利用等研究的理想基地。

云南的鸟类还有一个不可忽视的特点：种类丰富，但数量有限。正如英国动物地理学家华莱斯所形容的那样，"要在热带地区捉100个不同的种类比获得一个种的100个个体要容易"。

（二）鸟类资源保护

近年来，为加强鸟类的保护管理，云南省也出台了相关的政策文件，要求各地划定候鸟迁徙通道、越冬地等责任片区，强化社区共管，依托各级各类自然保护地管护机构、陆生野生动物疫源疫病监测站、林业站、科研机构、高等院校等单位，在鸟类重要栖息地和主要迁飞通道沿线，指定安排巡护点，开展巡护值守和经常性清网、清套、清夹、清除毒饵行动，建立和培养鸟类等野生动物调查监测队伍，记录鸟类种群数量变化及迁徙时空动态。

（三）鸟类资源开发

野外观鸟活动最早兴起于科学与经济较

云南保山高黎贡山百花岭

发达的英国和北欧，距今已有100多年的历史，现已发展成为一种世界性的时尚休闲旅游活动。我国的观鸟活动始于20世纪90年代，至21世纪初，野外观鸟进入快速发展期，观鸟人群迅速增加，观鸟活动此起彼伏，各地观鸟组织应运而生，同时观鸟活动在国内外的影响也日益扩大。下面简要介绍云南适宜观鸟的地点。

1. 高黎贡山百花岭

百花岭近年来成为众多爱鸟、赏鸟、拍鸟人"趋之若鹜"之地，被誉为"中国观鸟的金三角地带"和"摄友飙鸟的五星级圣地"。多达300余种鸟类在此繁衍生息，其中血雀可是鸟类明星中的大牌。

2. 香格里拉纳帕海

说香格里拉纳帕海是观鸟天堂一点都不夸

云南香格里拉纳帕海

云南德宏盈江犀鸟谷

云南昆明滇池

张，在方圆不到 25 平方千米的湖面上，聚集的鸟类最多时超过五六万只，可谓壮观无比，它们在这里聚会、繁殖，有的候鸟逗留时间长达半年以上。

3. 德宏盈江县

"中国鸟类第一县"盈江县拥有 550 多种鸟类，占全国鸟类的 1/3 以上。鸟儿总是盈江最靓丽的风景，无论是田间地头、江边河岸，还是山间小道、农家村落，总能听到各种各样的鸟儿空谷幽兰般的歌声。

4. 文山普者黑

普者黑湿地可谓是鸟类的天堂，140 多种鸟类在这里栖息，其中在天鹅湖候鸟栖息地，人工饲养的与野生的天鹅及其他候鸟有数万只之多，这里时常上演万鸟齐飞的壮观景象。

5. 昆明滇池

昆明滇池最著名的鸟景观自然就是红嘴

云南文山丘北普者黑

云南昭通大山包

鸥。从 1985 年红嘴鸥首次进入昆明市区，这些白色的精灵把昆明当成了第二故乡，每年都不远万里飞到昆明越冬。

6. 昭通大山包

昭通大山包是我国著名的黑颈鹤保护区，每年 11 月后，高傲的黑颈鹤都会如约而至，在保护区内大海子和仙鹤湖那冰天雪地、玉宇琼花、晶莹剔透的世界里上演年度大片"鹤之舞"。

7. 会泽念湖

念湖，原名跃进水库。每年冬天黑颈鹤都会飞越万水千山来到会泽念湖越冬。黑颈鹤一旦选定伴侣，便生死相许，终生不渝，若其中一只逝去，另一只则会孤独终老或是殉情，

云南大理鹤庆草海

面对黑颈鹤的忠贞和静谧的湖光山色，人们感慨"一念若水，相思成湖"，遂得名"念湖"。

8.丽江拉市海湿地

水草肥美、鱼虾丰富的丽江拉市海湿地是候鸟的乐园，据统计，拉市海有候鸟57种，每年来此越冬的鸟类多达3万余只，成为拉市海一道新的绚烂景观。在这里泛舟是观鸟的最佳方式之一。

9.大理鹤庆草海

大理鹤庆草海水资源极为丰富，四周绿树

云南曲靖会泽念湖

云南丽江拉市海

云南保山青华海

环绕，水域宽阔，碧波荡漾。每年，成千上万的候鸟成群结队到草海过冬，空中、水中、芦苇丛中时常能看到鸟儿们翻飞、嬉戏，这里成了不折不扣的候鸟天堂。

10. 西双版纳热带植物园

西双版纳是国内为数不多的没有冬季的地方。西双版纳热带植物园保存着大片的热带雨林，一年四季都鲜花盛开，热带鸟类色彩鲜艳，非常适合拍鸟爱好者拍摄漂亮的"花鸟图"。

除了以上 10 个观鸟点外，大理洱源茈碧湖、剑川西湖，保山青华海，玉溪通海杞麓湖等也是观鸟的绝佳地点。

云南西双版纳热带植物园

黑颈䴙䴘

学名： *Podiceps nigricollis*

别名： 䴙䴘，水葫芦。

外形特征： 中型䴙䴘，体长 28 ~ 34cm。嘴黑色，细而尖，微向上翘；眼红色。夏羽头、颈和上体黑色，两胁红褐色，下体白色，眼后有呈扇形散开的金黄色饰羽。冬羽头顶、后颈和上体黑褐色，颏、喉和两颊灰白色，前颈和颈侧淡褐色，其余下体白色，胸侧和两胁杂有灰黑色，无眼后饰羽。虹膜红色；嘴黑色；跗跖灰黑色。

生活习性： 主要栖息于内陆淡水湖泊、水塘、河流及沼泽地带，特别是富有岸边植物的大小湖泊和水塘中较常见。

分布状况： 在云南仅见于昆明滇池和昭通永善。

保护及濒危等级： 列入《国家保护的有益的或者有重要经济、科学研究价值的陆生野生动物名录》物种，《中国国家重点保护野生动物名录》，国家 II 级重点保护野生鸟类。

拍摄地点： 云南昆明。

Black-necked Grebe

凤头䴙䴘

学名： *Podiceps cristatus*

别名： 冠䴙䴘、浪里白。

外形特征： 大型䴙䴘，体长 46 ～ 51cm。颈修长，有显著的黑色羽冠。上体灰褐色，下体近乎白色而具光泽。上颈有一圈带黑端的棕色羽，形成皱领。后颈暗褐色，两翅暗褐，杂以白斑。眼先、颊白色。胸侧和两胁淡棕。冬季黑色羽冠不明显，颈上饰羽消失。虹膜近红色；嘴黄色，下颚基部带红色，嘴峰近黑色；跗跖近黑色。

生活习性： 主要栖息于低山和平原地带的江河、湖泊、池塘等各种水域中，特别在有浓密的芦苇和水草的湖沼中。

分布状况： 国内大部分地区均有分布。

保护及濒危等级： 列入《国家保护的有益的或者有重要经济、科学研究价值的陆生野生动物名录》物种。

拍摄地点： 云南昆明。

Great Crested Grebe

苍鹭

学名： *Ardea cinerea*

别名： 灰鹭、青庄。

外形特征： 大型鹭科鸟类，体长 80 ~ 110cm。头、颈、脚和嘴均甚长，因而身体显得细瘦。其上半身主要为灰色，腹部为白色。成鸟的过眼纹及冠羽黑色，飞羽、翼角及两道胸斑黑色，头、颈、胸及背白色，颈具黑色纵纹，余部灰色。幼鸟的头及颈灰色较重，但无黑色。虹膜黄色，眼先裸露部分黄绿色；嘴黄色；跗跖灰褐色。

生活习性： 主要栖息于江河、溪流、湖泊、水塘、海岸等水域岸边及其浅水处，也见于沼泽、稻田、山地、森林和平原荒漠上的水边浅水处及沼泽地上。

分布状况： 国内各地均有分布。

保护及濒危等级： 列入《世界自然保护联盟濒危物种红色名录》，《国家保护的有益的或者有重要经济、科学研究价值的陆生野生动物名录》物种。

拍摄地点： 云南弥勒。

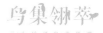
Grey Heron

绿鹭

学名： *Butorides striata*

别名： 绿背鹭、绿鹭鸶、打鱼郎、绿蓑鹭。

外形特征： 小型鹭科鸟类，体长 38 ~ 47cm。额、头顶、枕、羽冠和眼下纹绿黑色。羽冠从枕部一直延伸到后枕下部，其中最后一枚羽毛特长。后颈、颈侧及颊纹灰色；额、喉白色。背及两肩披有窄长的青铜绿色的矛状羽，向后直达尾部。虹膜金黄色，眼先裸露皮肤黄绿色；嘴缘褐色；跗跖黄绿色或黄色。

生活习性： 主要栖息于山区沟谷、河流、湖泊、水库林缘与灌木草丛中，有树木和灌丛的河流岸边，海岸和河口两旁的红树林里。

分布状况： 云南全省均有分布。国内还分布于东北、华北、华南和台湾等地。

保护及濒危等级： 列入《世界自然保护联盟濒危物种红色名录》，《国家保护的有益的或者有重要经济、科学研究价值的陆生野生动物名录》物种。

拍摄地点： 云南保山。

Striated Heron

牛背鹭

学名： *Budulcus ibis*

别名： 黄头白鹭。

外形特征： 中型鹭科鸟类，体长 47 ～ 55cm。飞行时头缩到背上，颈向下突出，像一个大的喉囊，身体呈驼背状；站立时亦像驼背，嘴和颈亦较短粗；体较其他鹭肥胖。夏前颈基部和背中央具羽枝分散成发状的橙黄色长形饰羽，前颈饰羽长达胸部，背部饰羽向后长达尾部，尾其余体羽白色。冬羽通体全白色，个别头顶缀有黄色，无发丝状饰羽。虹膜金黄色；嘴、眼先、眼周裸露皮肤黄色；跗跖黑色。

生活习性： 主要栖息于平原草地、牧场、湖泊、水库、山脚平原和低山水田、池塘、旱田和沼泽地上。常见在牛背上寻食，营巢于近水的大树、竹林或杉林。

保护及濒危等级： 列入《世界自然保护联盟濒危物种红色名录》，《国家保护的有益的或者有重要经济、科学研究价值的陆生野生动物名录》物种。

分布状况： 国内除西北外均有分布。

拍摄地点： 云南昆明。

Gattle Egret

白鹭

学名： *Egretta garzetta*

别名： 鹭鸶、白鹭鸶、小白鹭。

外形特征： 体长约60cm，体态纤瘦，通体为白色。夏羽枕部有辫羽，背部蓑羽超出尾部；颈下有矛状饰羽。冬羽饰羽和蓑羽均会脱落。虹膜黄色；脸部裸露皮肤黄绿色，于繁殖期为淡粉色；嘴黑色；腿及脚黑色，趾黄色。

生活习性： 常栖息于稻田、沼泽及浅水区域，也见于湖岸、海滩一带。

分布状况： 云南省内均有分布。国内主要分布在长江以南的广大地区。

保护及濒危等级： 列入《国家保护的有益的或者有重要经济、科学研究价值的陆生野生动物名录》物种。

拍摄地点： 云南昆明。

Little Egret

黄斑苇鳽

学名： *Ixobrychus sinensis*

别名： 黄秧鸡。

外形特征： 小型涉禽，体长 30 ~ 38cm。雄鸟额、头顶、枕部和冠羽铅黑色，微杂以灰白色纵纹，头侧、后颈和颈侧棕黄白色；背、肩和三级飞羽淡黄褐色，腰和尾上覆羽暗褐灰色；初级飞羽、次级飞羽和尾羽黑色；翅上覆羽淡黄褐色；下体自颏和喉淡黄白色。喉至胸淡黄褐色，胸侧羽缘棕红色。下颈基部和上胸具黑褐色块斑。羽缘黄褐色，腹和尾下覆羽淡黄白色。两肋、腋羽和翼下覆羽皮黄白色。虹膜黄色；嘴黄色，嘴端黑色；跗跖黄绿色。

生活习性： 常栖息于平原和低山丘陵地带富有水边植物的开阔水域中。

分布状况： 国内除西部地区外广泛分布。

保护及濒危等级： 列入《世界自然保护联盟濒危物种红色名录》，《国家保护的有益的或者有重要经济、科学研究价值的陆生野生动物名录》物种。

拍摄地点： 云南大理。

Yellow Bittern

彩鹮

学名：*Plegadis falcinellus*

外形特征：小型鹮，体长 48 ~ 66cm。上体具绿色及紫色光泽；头部除面部裸出外皆被羽，体羽大部为青铜栗色。虹膜黑褐色；嘴粉褐色；跗跖橄榄褐色。

生活习性：主要栖息在温暖的河湖及沼泽附近。性喜群居，而且经常与其他的一些鹮类、鹭类集聚在一起活动。因为栖息地的减少和环境污染问题，已濒临绝迹。

分布状况：国内上海、浙江、福建、广东、云南等地均有分布。

保护及濒危等级：列入《世界自然保护联盟濒危物种红色名录》，《中国国家重点保护野生动物名录》，国家Ⅰ级重点保护野生鸟类。

拍摄地点：云南剑川。

Glossy Ibis

黑鹳

学名：*Ciconia nigra*

别名：老鹳、黑老鹳、乌鹳。

外形特征：大型鹳，体长 95 ~ 105cm。嘴长而粗壮，头、颈、脚均甚长，嘴和脚红色。身上的羽毛除胸腹部为纯白色外，其余都是黑色，在不同角度的光线下，可以变幻出多种颜色。在高树或岩石上筑大型的巢，飞时头颈伸直。虹膜黑褐色；嘴红色；跗跖红色。

生活习性：繁殖期间主要栖息在偏僻而无干扰的开阔森林及森林河谷与森林沼泽地带；也常出现在荒原和荒山附近的湖泊、水库、水渠、溪流、水塘及其沼泽地带；冬季主要栖息于开阔的湖泊、河岸和沼泽地带。

分布状况：分布于滇西、滇南、滇中等地。国内除青藏高原外均有分布。

保护及濒危等级：列入《世界自然保护联盟濒危物种红色名录》，《濒危野生动植物种国际贸易公约》附录 II 物种，《中国生物多样性红色名录》，国家 I 级重点保护野生鸟类。

拍摄地点：云南香格里拉。

Black Stork

钳嘴鹳

学名： *Anastomus oscitans*

外形特征： 小型鹳，体长 81 ~ 86cm。体羽白色至灰色，冬羽烟灰色。飞羽和尾羽黑色。鸟喙是沉闷的黄灰色，下喙有凹陷，喙闭合时有明显缺口。钳嘴鹳往往被误认为苍鹭，而它不属于鹤。鹳一般有较重的鸟喙，飞行时脖子伸出，而不能像鹤那样弯曲和缩回。虹膜白色至褐色；脸部裸露皮肤为灰黑色；嘴淡绿的角质色或红色；跗跖粉红色。

生活习性： 主要栖息于海拔 300 ~ 1100m 的热带湿地。

分布状况： 国内见于云南、广西、广东、贵州、四川等地。

保护及濒危等级： 列入《世界自然保护联盟濒危物种红色名录》。

拍摄地点： 云南石屏。

Asian Openbill Stork

灰雁

学名： *Anser anser*

别名： 大雁、大鹅。

外形特征： 中型雁，形似家鹅，体长 76 ~ 89cm。上体灰褐色，下体污白色，飞行时双翼拍打用力，振翅频率高。脖子较长。腿位于身体的中心支点，行走自如。有扁平的喙，边缘锯齿状，有助于过滤食物。虹膜黑褐色；嘴粉红色；跗跖粉红色。

生活习性： 主要栖息在不同生境的淡水水域中，常见出入于富有芦苇和水草的湖泊、水库、河口、沼泽和草地。

分布状况： 云南分布于滇西及滇西北的高原湖泊。国内新疆、青海、甘肃、内蒙古、黑龙江及长江以南地区也有分布。

保护及濒危等级： 列入《世界自然保护联盟濒危物种红色名录》，《国家保护的有益的或者有重要经济、科学研究价值的陆生野生动物名录》物种。

拍摄地点： 云南香格里拉。

Greylag Goose

赤麻鸭

学名：*Tadona ferruginea*

别名：黄鸭、黄凫、渎凫、红雁。

外形特征：大型鸭科，比家鸭稍大，体长 51 ~ 68cm。全身赤黄褐色，翅上有明显的白色翅斑和铜绿色翼镜；嘴、脚、尾黑色；雄鸟有一黑色颈环。飞翔时黑色的飞羽、尾、嘴和脚、黄褐色的体羽及白色的翼上、翼下覆羽形成鲜明的对照。虹膜暗褐色，嘴和跗跖黑色。

生活习性：主要栖息于江河、湖泊、河口、水塘及其附近的草原、荒地、沼泽、沙滩、农田和平原疏林等各类生境中，尤喜平原上的湖泊地带。

分布状况：广见于云南省内各大高原湖泊。国内东北、东南及内蒙古有分布。

保护及濒危等级：列入《世界自然保护联盟濒危物种红色名录》，《国家保护的有益的或者有重要经济、科学研究价值的陆生野生动物名录》物种。

拍摄地点：云南昆明。

鸟集翎萃
云南珍稀鸟类鉴赏

Ruddy Shelduck

针尾鸭

学名：*Anas acuta*

别名：尖尾鸭。

外形特征：大型鸭科，体长 51 ～ 76cm。雄鸭背部满杂以淡褐色与白色相间的波状横斑，头暗褐色，颈侧有白色纵带与下体白色相连，翼镜铜绿色，正中一对尾羽特别延长。雌鸭体型较小，上体大都黑褐色，杂以黄白色斑纹，无翼镜，尾较雄鸟短，但较其他鸭尖长。虹膜黑褐色；雄鸟嘴蓝灰色，雌鸟黑色；跗跖灰黑色。

生活习性：主要栖息于各种类型的河流、湖泊、沼泽、盐碱湿地、水塘以及开阔的沿海地带和海湾等生境中。

分布状况：云南见于昆明、大理、蒙自、宁蒗等地。国内新疆、台湾、西藏以及长江以南地区也有分布。

保护及濒危等级：列入《世界自然保护联盟濒危物种红色名录》，《国家保护的有益的或者有重要经济、科学研究价值的陆生野生动物名录》物种。

拍摄地点：云南大理。

Northern Pintail

绿头鸭

学名： *Anas platyrhynchos*

别名： 大绿头、野鸭。

外形特征： 大型鸭类，体长 50 ~ 60cm。外形大小和家鸭相似。雄鸟头和颈辉绿色，颈部有一明显的白色领环。上体黑褐色，腰和尾上覆羽黑色，两对中央尾羽亦为黑色，且向上卷曲成钩状；外侧尾羽白色。胸栗色，翅、两肋和腹灰白色，具紫蓝色翼镜，翼镜上下缘具宽的白边。雌鸟全身黄褐色而有斑驳褐色条纹，两肋和上背具鳞状斑，有深褐色贯眼纹，翼镜蓝紫色。虹膜黑褐色；雄鸟嘴黄绿色，雌鸟暗棕黄色略带褐色；跗跖橙黄色。

生活习性： 主要栖息于水生植物丰富的湖泊、河流、池塘、沼泽等水域中。

分布状况： 除海南外，全国各地均有分布。

保护及濒危等级： 列入《世界自然保护联盟濒危物种红色名录》，《国家保护的有益的或者有重要经济、科学研究价值的陆生野生动物名录》物种。

拍摄地点： 云南昆明。

Mallard

凤头潜鸭

学名： *Aythya fuligula*

别名： 小黑鸭、凤头鸭子。

外形特征： 中等体型的水鸭，体长 40 ~ 47cm。头带特长羽冠，雄鸟亮黑色，腹部及体侧白。雌鸟深褐，两胁褐而羽冠短。飞行时二级飞羽呈白色带状。尾下羽偶为白色。雌鸟有浅色脸颊斑。雏鸟似雌鸟但眼为褐色。头形较白眼潜鸭顶部平而眉突出。为深水鸟类，善于收拢翅膀潜水。虹膜金黄色；嘴蓝灰色或铅灰色，尖端黑色；跗跖铅灰色；蹼黑色。

生活习性： 主要栖息于湖泊、河流、水库、池塘、沼泽、河口等开阔水面。繁殖季节则多选择在富有岸边植物的开阔湖泊与河流地区。

分布状况： 全国各地水域均有分布。

保护及濒危等级： 列入《世界自然保护联盟濒危物种红色名录》，《国家保护的有益的或者有重要经济、科学研究价值的陆生野生动物名录》物种。

拍摄地点： 云南昆明。

Tufted Duck

赤嘴潜鸭

学名： *Netta rufina*

别名： 大红头。

外形特征： 大型鸭类，体长 53 ~ 57cm。雄鸟头浓栗色，具淡棕黄色羽冠。上体暗褐色，翼镜白色，嘴赤红色。下体黑色，两胁白色，特征极明显，野外容易辨别。雌鸟通体褐色，头的两侧、颈侧以及颔和喉灰白色，飞翔时翼上和翼下大型白斑极为醒目。雄鸟虹膜红色，雌鸟红褐色；雄鸟嘴鲜红色，雌鸟灰黑色，尖端略带黄色；雄鸟跗跖橙红色，雌鸟灰黑色。

生活习性： 主要栖息在开阔的淡水湖泊、水流较缓的江河与河口地区，水边植物和水较深的淡水湖泊最为常见。

分布状况： 云南常见于滇中、滇西、滇南、滇西北的高原湖泊中。国内还见于新疆、青海、内蒙古及南方各省。

保护及濒危等级： 列入《世界自然保护联盟濒危物种红色名录》，《国家保护的有益的或者有重要经济、科学研究价值的陆生野生动物名录》物种。

拍摄地点： 云南昆明。

Red-crested Pochard

鸳鸯

学名：*Aix galericulata*

别名：官鸭、匹鸟。

外形特征：中型鸭类，体长 41 ~ 51cm。鸳指雄鸟，鸯指雌鸟。雌雄异色，雄鸟羽色鲜艳而华丽，头具艳丽的冠羽，眼后有宽阔的白色眉纹，翅上有一对栗黄色扇状直立羽，像帆一样立于后背。雌鸟头和整个上体灰褐色，眼周白色，其后连一细的白色眉纹。虹膜褐色；雄鸟嘴红色，雌鸟黑色；雄鸟跗跖橙黄色，雌鸟橙黄色。

生活习性：主要栖息在针叶和阔叶混交林及附近的溪流、沼泽、芦苇塘和湖泊等处。

分布状况：云南分布于滇南、滇中、滇东及滇西南。国内还分布于东北、华北和东南地区。

保护及濒危等级：列入《世界自然保护联盟濒危物种红色名录》，《中国国家重点保护野生动物名录》，国家Ⅱ级重点保护野生鸟类。

拍摄地点：云南昆明。

Mandarin Duck

黑翅鸢

学名：*Elanus caeruleus*

别名：灰鹞子。

外形特征：较小型猛禽，体长 31 ～ 37cm。上体蓝灰色，下体白色。眼先和眼周具黑斑，肩部亦有黑斑，飞翔时初级飞羽下面黑色，和白色的下体形成鲜明对照。尾较短，平尾，中间稍凹，呈浅叉状。虹膜红色；嘴黑色；跗跖黄色。

生活习性：主要栖息于有树木和灌木的开阔原野、农田和草原地区。

分布状况：云南省内均有分布，但近年来数量减少。国内还见于广西、浙江等地。

保护及濒危等级：列入《世界自然保护联盟濒危物种红色名录》，《濒危野生动植物种国际贸易公约》附录 Ⅱ 物种，《中国生物多样性红色名录》，《中国国家重点保护野生动物名录》，国家 Ⅱ 级重点保护野生鸟类。

拍摄地点：云南丽江。

Black-winged Kite

苍鹰

学名：*Accipiter gentilis*

别名：黄鹰、鸡鹰。

外形特征：较大型猛禽，体长 32 ～ 43cm。头顶、枕和头侧黑褐色，枕部有白羽尖，眉纹白杂黑纹；背部棕黑色；胸以下密布灰褐和白相间横纹；尾灰褐，有 4 条宽阔黑色横斑，尾方形。飞行时，双翅宽阔，翅下白色，但密布黑褐色横带。雌鸟显著大于雄鸟。虹膜为金黄或黄色，蜡膜黄绿色；嘴黑色，基部蓝色；跗跖黄色，爪黑色，跗跖前后缘均为盾状鳞。

生活习性：主要栖息于不同海拔高度的针叶林、混交林和阔叶林等森林地带，也见于山地平原和丘陵地带的疏林和小块林内。

分布状况：云南分布于昆明、绥江、丽江、蒙自及西双版纳等地。国内广大地区均有分布。

保护及濒危等级：列入《世界自然保护联盟濒危物种红色名录》，《濒危野生动植物种国际贸易公约》附录Ⅱ物种，《中国生物多样性红色名录》，《中国国家重点保护野生动物名录》，国家Ⅱ级重点保护野生鸟类。

拍摄地点：云南丽江。

Northern Goshawk

凤头鹰

学名： *Accipiter trivirgatus*

别名： 凤头苍鹰。

外形特征： 中型猛禽，体长 41 ~ 49cm。头前额至后颈鼠灰色，具显著的灰色冠羽，其余上体为褐色，尾具 4 道宽阔的暗色横斑。喉部白色有黑褐色中央纵纹，胸棕褐色，具白色纵纹，其余下体白色，具窄的棕褐色横斑。虹膜金黄色；嘴峰和嘴尖黑色，口角黄色；脚和趾淡黄色，爪黑色。

生活习性： 通常栖息在山地森林和山脚林缘地带。也出现在竹林和小面积丛林地带，偶尔也到山脚平原和村庄附近活动。

分布状况： 分布于云南盈江、耿马、丽江、景东、普洱、寻甸、昆明、蒙自、河口等地。国内分布于贵州、广西、广东、台湾、海南等地。

保护及濒危等级： 列入《世界自然保护联盟濒危物种红色名录》，《濒危野生动植物种国际贸易公约》附录 II 物种，《中国生物多样性红色名录》，《中国国家重点保护野生动物名录》，国家 II 级重点保护野生鸟类。

拍摄地点： 云南盈江。

Crested Goshawk

游隼

学名：*Falco peregrinus*

别名：花梨鹰、鸽虎、鸭虎、青燕。

外形特征：中型猛禽，体长 41 ~ 50cm。头顶和后颈暗石板蓝灰色到黑色，有的缀有棕色；背、肩蓝灰色，具黑褐色羽干纹和横斑，腰和尾上覆羽亦为蓝灰色，但稍浅；尾暗蓝灰色，具黑褐色横斑和淡色尖端；翅上覆羽淡蓝灰色，具黑褐色羽干纹和横斑。喉和髭纹前后白色，其余下体白色或皮黄白色，上胸和颈侧具细的黑褐色羽干纹，其余下体具黑褐色横斑。虹膜深褐色；嘴尖端铅灰色，基部黄色；跗跖被羽。

生活习性：主要栖息于山地、丘陵、荒漠、半荒漠、海岸、旷野、草原、河流、沼泽与湖泊沿岸地带。

分布状况：国内分布甚广，几乎遍布于世界各地。

保护及濒危等级：列入《濒危野生动植物种国际贸易公约》附录 II 物种，《中国国家重点保护野生动物名录》，《中国生物多样性红色名录》，国家 II 级重点保护野生鸟类。

拍摄地点：云南大理。

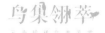
Peregrine Falcon

红腿小隼

学名：*Microhierax caerulescens*

外形特征： 小型猛禽，体长 16 ～ 19cm。前额为白色，眼睛上有一条宽阔的白色眉纹，往后经耳覆羽与上背的白色领圈相连，颊部和耳覆羽为白色，从眼睛前面开始有一条粗著的黑色贯眼纹经过眼睛斜向下到耳部。虹膜深褐色；嘴铅灰色；跗跖被羽。

生活习性： 主要栖息于开阔的森林和林缘地带，尤其是林中河谷地带，有时也到山脚平原和林缘地带活动。

分布状况： 仅分布于云南盈江。

保护及濒危等级： 列入《世界自然保护联盟濒危物种红色名录》，《中国国家重点保护野生动物名录》，国家 II 级重点保护野生鸟类。

拍摄地点： 云南盈江。

Red−thighed Falconet

环颈山鹧鸪

学名：*Arborophila torqueola*

外形特征：小型雉科鸟类，体长26～29cm。体型与鹧鸪相似的鹑鸡类。雄鸟额至后颈深栗色，具有宽而长的黑色眉纹，眼睛周围红色。上体橄榄褐色，具黑色的半月形横斑，腰部还有箭形和三角形的黑斑。颏、喉黑色，缀有白纹。胸部淡灰色或灰橄榄色，前颈与胸之间有一个白色的横带将颈与胸分开，所以叫做环颈山鹧鸪。雄鸟虹膜褐色至红褐色，雌鸟褐色；嘴黑色，眼周皮肤红色；腿、脚橄榄褐色或铅灰色。

生活习性：主要栖息在海拔1500m以上常绿阔叶林中，有时见于海拔4200m左右的常绿森林和灌丛中。

分布状况：分布于云南贡山、泸水、腾冲、龙陵、景东、新平、永德、南华等地。国内还见于西藏南部。

保护及濒危等级：列入《世界自然保护联盟濒危物种红色名录》，《中国国家重点保护野生动物名录》，国家Ⅱ级重点保护野生鸟类。

拍摄地点：云南保山。

Common Hill Partridge

红喉山鹧鸪

学名： *Arborophila rufogularis*

外形特征： 小型雉科鸟类，体长 24 ~ 28cm。额深灰色，宽而长的眉纹灰白色，一直延伸到颈侧，并杂有黑色斑点。眼周裸出的皮肤鲜红色。颏和上喉黑色，下喉棕红色。胸灰色。上体纯橄榄褐色，背部没有任何斑纹，但腰上有三角形黑斑。虹膜褐色；嘴黑色；跗跖红色。

生活习性： 喜欢栖居在海拔 1200 ~ 2500m 的常绿阔叶林中。

分布状况： 主要分布于滇西、滇西南、滇南及滇东南。国内西藏也有分布。

保护及濒危等级： 列入《世界自然保护联盟濒危物种红色名录》，《中国国家重点保护野生动物名录》，国家 II 级重点保护野生鸟类。

拍摄地点： 云南保山。

Rufous-throated Hill Partridge

血雉

学名： *Ithaginis cruentus*

别名： 血鸡、松花鸡、琉璃鸡。

外形特征： 中型雉科鸟类，体长 37 ～ 47cm。血雉的雄鸟大覆羽、尾下覆羽，尾上覆羽、脚、头侧、腊膜为红色，故称血雉。其胸侧和翅上覆羽沾绿，羽毛形似柳叶，且沾绿。虹膜深褐色；嘴铅灰色；跗跖红色。

生活习性： 主要栖息于海拔 1700 ～ 3000m 的高山针叶林、混交林及杜鹃灌丛中。

分布状况： 分布于滇西北。国内西藏、四川也有分布。

保护及濒危等级： 列入《世界自然保护联盟濒危物种红色名录》，《中国国家重点保护野生动物名录》，国家 II 级重点保护野生鸟类。

拍摄地点： 云南大理。

Blood Pheasant

白马鸡

学名：*Crossoptilon crossoptilon*

别名：雪雉、藏马鸡。

外形特征：大型雉科鸟类，体长 81 ～ 86cm。通体大都白色，头侧绯红色；头顶具黑色短羽，耳羽簇白色，呈短角状。胸淡灰色或白色，飞羽灰褐色，尾羽特长，大都辉绿蓝色，末端沾紫色光泽，羽枝大都分离，披散而下垂。虹膜黄褐色；嘴角质色；跗跖红色。

生活习性：主要栖息于海拔 3000 ～ 4000m 的高山和亚高山针叶林和针阔叶混交林带，高山灌丛和草甸是白马鸡垂直分布的上限。

分布状况：分布于云南丽江、香格里拉、德钦等地。国内四川、青海及西藏也有分布。

保护及濒危等级：列入《世界自然保护联盟濒危物种红色名录》，《中国国家重点保护野生动物名录》，国家Ⅱ级重点保护野生鸟类。

拍摄地点：云南香格里拉。

White Eared pheasant

白鹇

学名： *Lophura nycthemera*

别名： 银鸡、银雉、越鸟、越禽、白雉。

外形特征： 大型雉科鸟类，雄鸟体长 90～115cm，雌鸟体长 65～70cm。雄鸟上体和两翅白色，密布黑纹。羽冠和下体都是灰蓝色。尾长，中央尾羽近纯白色，外侧尾羽具黑色波纹。它在林中疾走时，从远处望去，很像披着白色长"斗蓬"，被风吹开露出灰蓝色的内衣。雌鸟全身呈橄榄褐色，羽冠近黑色，和雄鸟相比十分逊色。虹膜褐色；嘴角质黄色；跗跖粉红色。

生活习性： 主要栖息于海拔 2000m 以下的亚热带常绿阔叶林中。

分布状况： 云南除北部高海拔地区外均有分布。国内广布于南方各省。

保护及濒危等级： 列入《世界自然保护联盟濒危物种红色名录》，《中国国家重点保护野生动物名录》，国家 II 级重点保护野生鸟类。

拍摄地点： 云南保山。

Silver Pheasant

黑鹇

学名：*Lophura leucomelanos*

别名：鸬雉。

外形特征：大型雉科鸟类，雄鸟体长 63 ~ 74cm，雌鸟体长 50 ~ 60cm。雄鸟上体呈黑褐色，背羽具有黑紫色金属光泽。头顶有黑色羽冠。脸部裸皮呈红色，并散生有稀疏的黑色纤羽。尾部长而侧扁，中央两对尾羽呈红褐色，其余为黑褐色。下体多为暗褐色。胸羽呈披针形，各羽羽干为白色，并杂有淡灰色。雌鸟体羽为棕褐色，并杂有不规则的黑褐色斑。虹膜深褐色；嘴黄褐色，基部稍黑；跗跖为灰色或铅褐色。

生活习性：常栖息于海拔 1000 ~ 3000m 高的山地森林、箭竹林和林间草丛，有时也见于低山丘陵和山谷地带。

分布状况：分布于云南贡山、盈江等地。国内还见于西藏南部。

保护及濒危等级：列入《世界自然保护联盟濒危物种红色名录》，《中国国家重点保护野生动物名录》，国家 II 级重点保护野生鸟类。

拍摄地点：云南盈江。

Kalij Pheasant

红原鸡

学名： *Gallus gallus*

别名： 茶花鸡、山公鸡。

外形特征： 大型雉科鸟类，雄鸟体长 54 ~ 71cm，雌鸟体长 42 ~ 46cm。雄鸟体形较大，雌鸟体形稍小。雄鸟头顶上具有一个鲜红色的肉冠，喉下有两个砖红色的肉垂，雌鸟肉冠和肉垂均不发达；雄鸟颈和腰的羽毛长而呈矛状，称为矛翎，雌鸟则没有矛翎。雄鸟的中央尾羽特别延长，羽干弯曲而呈镰刀状下垂，跗跖长而强，具有一个长而弯曲的距，雌鸟无距。雄鸟和雌鸟的羽色也不同，雄鸟体羽华丽，雌鸟头、颈和下体大都为棕黄色，颈部具有黑色的斑纹，羽缘具有暗绿色的细斑。虹膜黄褐色；嘴角铅灰色；跗跖铅褐色。

生活习性： 主要栖息于海拔 1300m 以下的针阔混交林内，属热带林区鸟类。

分布状况： 滇西、滇南和滇西南等地常见。国内还分布于广西、广东、海南等地。

保护及濒危等级： 列入《世界自然保护联盟濒危物种红色名录》，《中国生物多样性红色名录》，《中国国家重点保护野生动物名录》，国家Ⅱ级重点保护野生鸟类。

拍摄地点： 云南保山。

Red Junglefowl

勺鸡

学名： *Pucrasia macrolopha*

别名： 柳叶鸡、刁鸡。

外形特征： 体长 39 ~ 63cm。体形适中，头顶棕褐色，冠羽细长，再后有更长的黑色而具辉绿色羽缘的枕冠向后延伸；颈侧在耳羽后面下方有一大形的白色块斑；下眼睑具一小白斑；头的余部包括额、喉等均为黑色，带暗绿色的金属反光；上体羽毛呈披针形，散布 "V" 字形黑纹。下体中央至腹部为深栗色。虹膜褐色；嘴黑；脚暗红色。

生活习性： 主要栖息于海拔 1500 ~ 4000m 的针阔混交林，密生灌丛的多岩坡地，山脚灌丛，开阔的多岩林地，松林及杜鹃林。

分布状况： 分布于云南丽江、德钦、香格里拉等地，稀有留鸟。国内还分布在西藏、四川、贵州等地。

保护及濒危等级： 列入《世界自然保护联盟濒危物种红色名录》，《中国国家重点保护野生动物名录》，国家 Ⅱ 级重点保护野生鸟类。

拍摄地点： 云南德钦。

黑颈长尾雉

学名： *Syrmaticus humiae*

别名： 地花鸡、松毛鸡、哑巴鸡。

外形特征： 大型雉科鸟类，雄鸟体长 96 ～ 104cm，雌鸟体长 47 ～ 50cm。雄鸟头顶褐绿色，两侧有白色眉纹，上体背羽紫栗色具黑斑，肩羽具宽阔的白色块斑，下背，腰，尾上覆羽白色具蓝黑色斑，翅羽暗褐色，尾长，尾羽灰色具有黑栗二色并列的横斑，下体腹部与两胁栗色。雌鸟体羽棕褐色，满布黑色斑纹，上背有白色矢状斑，外侧尾羽大都栗色。虹膜深褐色；嘴角质色；跗跖青灰色。

生活习性： 主要栖息于海拔 1000 ～ 3000m 的开阔林区。

分布状况： 分布于云南西部和西南部。国内还分布于广西。

保护及濒危等级： 列入《世界自然保护联盟濒危物种红色名录》，《濒危野生动植物种国际贸易公约》附录 I 物种，《中国生物多样性红色名录》，《中国国家重点保护野生动物名录》，国家 I 级重点保护野生鸟类。

拍摄地点： 云南腾冲。

Hume's Pheasant

白冠长尾雉

学名：*Syrmaticus reevesii*

别名：山鸡、长尾巴野鸡。

外形特征：大型雉科鸟类，雄鸟体长 141～197cm，雌鸟体长 56～69cm。雄鸟头顶和额、喉、颈均为白色，嘴基至后枕具一黑色宽带。脸部裸皮红色，颈部黑白两色，形成明显颈环。上体余部金黄，具黑褐色鳞状斑。中央两对尾羽特长，有两条黑栗并列的横带。下体栗红色，具黑白色斑。雌鸟上体主要为棕褐色，下体浅栗棕色，各羽具明显白色天状斑，尾羽较雄鸟短。虹膜深褐色；嘴角质色；跗跖灰褐色。

生活习性：主要栖息在海拔 400～1500m 的山地森林中，尤为喜欢地形复杂、地势起伏不平、多沟谷悬崖、峭壁陡坡和林木茂密的山地阔叶林或混交林。

分布状况：分布于云南昭通、镇雄、威信等地。在中国中部及北部山地地区也有分布。

保护及濒危等级：列入《世界自然保护联盟濒危物种红色名录》，《中国国家重点保护野生动物》，国家Ⅰ级重点保护野生鸟类。

拍摄地点：云南昭通。

Reeves's Pheasant

白腹锦鸡

学名： *Chrysolophus amherstiae*

别名： 铜鸡、菁鸡、金嘎嘎、笋鸡等

外形特征： 大型雉科鸟类，雄鸟体长 118 ~ 145cm，雌鸟体长 54 ~ 67cm。中国特有鸟类。雄鸟头顶、喉及上胸为闪亮深绿色，猩红色的冠羽形短，白色颈背呈扇贝形而带黑色羽缘。雌鸟体型较小，上体多黑色和棕黄色横斑，喉白，胸栗色并多具黑色细纹。两胁及尾下覆羽皮黄色而带黑斑。虹膜褐色；嘴蓝灰色；跗跖蓝灰色。

生活习性： 主要栖息于海拔 1000 ~ 4000m 的山地常绿阔叶林、针阔叶混交林和针叶林中。

分布状况： 云南除滇东北和滇南外，几乎遍布全省各地。国内还分布于西藏、四川、贵州、广西等地。

保护及濒危等级： 列入《中国生物多样性红色名录》，国家 II 级重点保护野生鸟类。

拍摄地点： 云南保山。

Lady Amherst's Pheasant

红腹锦鸡

学名：*Chrysolophus pictus*

别名：金鸡。

外形特征：大型雉科鸟类，雄鸟体长 86 ～ 108cm，雌鸟体长 59 ～ 70cm。雄鸟羽色华丽，头具金黄色丝状羽冠，上体除上背浓绿色外，其余为金黄色，后颈被有橙棕色而缀有黑边的扇状羽，形成披肩状。下体深红色，尾羽黑褐色，满缀以桂黄色斑点。雌鸟头顶和后颈黑褐色，其余体羽棕黄色，满缀以黑褐色虫蠹状斑和横斑。是驰名中外的观赏鸟类。雄鸟虹膜黄色，雌鸟褐色；嘴黄色；跗跖黄色。

生活习性：主要栖息于海拔 500 ～ 2500m 的阔叶林、针阔叶混交林和林缘疏林灌丛地带，也出现于岩石陡坡的矮树丛和竹丛地带。

分布状况：分布于云南省东北部。国内还见于中部、西北部及西南山区。

保护及濒危等级：列入《世界自然保护联盟濒危物种红色名录》，《中国国家重点保护野生动物名录》，国家 II 级重点保护野生鸟类。

拍摄地点：云南巧家。

Golden Pheasant

灰孔雀雉

学名： *Polyplectron bicalcaratum*

别名： 挪冠闰（傣语）、孔雀雉。

外形特征： 中型雉科鸟类，雄鸟体长 66 ~ 76cm，雌鸟体长 47 ~ 52cm。雄鸟全身羽毛黑褐色，密布几乎纯白色的细点和横斑；上背、翅膀和尾羽端部具紫色或翠绿色金属光泽的绚丽的眼状斑，象孔雀羽毛上的孔雀斑一样，故名之。雌鸟体型较小，尾羽稍短，体色与雄鸟相似而较暗，眼状斑不明显。雄鸟虹膜灰色，雌鸟灰褐色；嘴铅灰色；跗跖灰褐色。

生活习性： 主要栖息在海拔 1500m 左右的热带雨林、季雨林及竹林中，活动于阔叶林下灌丛草地上、森林茂密、林下植被较发达的阴湿地面上。

分布状况： 分布于滇西、滇南和滇西南。国内西藏也有分布。

保护及濒危等级： 列入《世界自然保护联盟濒危物种红色名录》，《濒危野生动植物种国际贸易公约》附录 II 物种，《中国生物多样性红色名录》，《中国国家重点保护野生动物名录》，国家 I 级重点保护野生鸟类。

拍摄地点： 云南盈江。

Grey Peacock-Pheasant

绿孔雀

学名：*Pavo muticus*

别名：越鸟、龙鸟、爪哇孔雀。

外形特征：大型雉科鸟类，雄鸟体长 180～230cm，雌鸟体长 115～147cm。雄鸟体羽为翠蓝绿色，头顶有一簇直立的冠羽，下背翠绿色而具紫铜色光泽。体后拖着长达 1m 以上的尾上覆羽，羽端具光泽绚丽的眼状斑，形成华丽的尾屏，极为醒目。雌鸟不及雄鸟艳丽，亦无尾屏，体羽主要为翠金属绿色，背浓褐色，头顶亦具一簇直立羽冠，外形和雄鸟相似，亦甚醒目。虹膜深褐色；嘴铅灰色；跗跖灰褐色。

生活习性：主要栖息于海拔 2000m 以下的热带、亚热带常绿阔叶林和混交林。常成群活动，多由一雄数雌和亚成体组成小群，有时亦见单只和成对活动。

分布状况：国内仅分布于滇西、滇西南、滇南及滇中。

保护及濒危等级：列入《世界自然保护联盟濒危物种红色名录》，《濒危野生动植物种国际贸易公约》附录Ⅱ物种，《中国生物多样性红色名录》，《中国国家重点保护野生动物名录》，国家Ⅰ级重点保护野生鸟类。

拍摄地点：云南双柏。

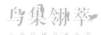

green peafowl

黑颈鹤

学名： *Grus nigricollis*

别名： 雁鹅。

外形特征： 中型鹤类，体长 110 ~ 120cm。全身灰白色，颈、腿比较长，头顶和眼先裸出部分呈暗红色，头顶布有稀疏发状羽。头顶的裸露的红色皮肤，阳光下看去非常鲜艳，到求偶期间更会膨胀起来，显得特别鲜红。除眼后和眼下方具一小白色或灰白色斑外，头的其余部分和颈的上部约 2/3 为黑色，故称黑颈鹤。虹膜黄色；嘴黄绿色或灰绿色；跗跖黑色。

生活习性： 主要栖息于海拔 2500 ~ 5000m 的高原沼泽地、湖泊及河滩地带，除繁殖期常成对、单只或家族群活动外，其他季节多成群活动，特别是冬季在越冬地，常集成数十只的大群。黑颈鹤繁殖于西藏、青海、甘肃和四川北部一带，越冬于西藏南部、贵州、云南等地，是世界上唯一生长、繁殖在高原的鹤。

分布状况： 分布于西藏、青海、甘肃、四川、贵州、云南等地。

保护及濒危等级： 列入《世界自然保护联盟濒危物种红色名录》，《中国国家重点保护野生动物名录》，国家 I 级重点保护野生鸟类。

拍摄地点： 云南昭通。

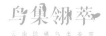
Black-necked Crane

黑水鸡

学名：*Gallinula chloropus*

别名：红骨顶。

外形特征：中型秧鸡科鸟类，体长24～35cm。嘴长度适中，鼻孔狭长；头具额甲，后缘圆钝；嘴和额甲色彩鲜艳。翅圆形，尾下覆羽白色。趾很长，中趾不连爪约与跗蹠等长。通体黑褐色，嘴黄色，嘴基与额甲红色，两胁具宽阔的白色纵纹，尾下覆羽两侧亦为白色，中间黑色，黑白分明，甚为醒目。脚黄绿色，脚上部有一鲜红色环带，亦甚醒目。虹膜红色；嘴端淡黄绿色，上嘴基部至额板深血红色，下嘴基部黄色；跗蹠黄绿色。

生活习性：主要栖息于富有芦苇和水生挺水植物的淡水湿地、沼泽、湖泊、水库、苇塘、水渠和水稻田中，也出现于林缘和路边水渠与疏林中的湖泊沼泽地带。

分布状况：全国除西北干旱地区以外均有分布。

保护及濒危等级：列入《世界自然保护联盟濒危物种红色名录》，《国家保护的有益的或者有重要经济、科学研究价值的陆生野生动物名录》物种。

拍摄地点：云南大理。

Common Moorhen

紫水鸡

学名：*Porphyrio prophyrio*

外形特征： 大型秧鸡科鸟类，体长 40～50cm。嘴粗壮，鲜红色，短而侧扁；鼻沟浅而宽，鼻孔小而圆，在鼻沟前部下方，额甲宽大，后缘呈截形，橙红色。翅圆形。跗蹠和趾长而有力，暗红色。能用脚趾抓住和操纵食物，这在秧鸡科中很特殊。两性同型，体羽大都为紫色或蓝色，尾下覆羽白色，翅和胸蓝绿色。虹膜金色；嘴红色；跗蹠红色。

生活习性： 主要栖息于江河、湖泊周围的沼泽地和芦苇丛中。

分布状况： 分布于云南洱源、腾冲、芒市、耿马、西双版纳等地。福建极少数地区也有分布。

保护及濒危等级： 列入《世界自然保护联盟濒危物种红色名录》，《中国国家重点保护野生动物名录》，国家 II 级重点保护野生鸟类。

拍摄地点： 云南洱源。

Purple Swamphen

水雉

学名： *Hydrophasianus chirurgus*

别名： 鸡尾水雉、长尾水雉

外形特征： 大型鸟类，体长 31 ~ 58cm。雌雄相似，但雌鸟体形较大。繁殖羽、脸颊、颏部，前颈白色，后颈金黄色，黑色条纹自头顶两侧下延至颈部；背部、肩部棕褐色；胸部、腹部、腰部及尾羽黑色，翼上覆羽白色，第一和第二枚初级飞羽黑色。非繁殖羽头顶棕褐色具白色眉纹，背部较繁殖羽浅，腹部白色，黑色尾羽较繁殖羽短。幼鸟似非繁殖期成鸟，但颈部为褐色。虹膜深褐色；嘴灰蓝色；跗跖黄绿色。

生活习性： 主要栖息在热带及亚热带的开放性湿地中，主要为淡水湖沼。因其有细长的脚爪，能轻步行走于睡莲、荷花、菱角、芡实等浮叶植物上，且体态优美，羽色艳丽，被美称为"凌波仙子"。

分布状况： 分布于云南、四川、广东、广西、福建、浙江、江苏、江西、湖南、湖北、香港、台湾及海南。

保护及濒危等级： 列入《国家保护的有益的或者有重要经济、科学研究价值的陆生野生动物名录》物种，《中国国家重点保护野生动物名录》，国家Ⅱ级重点保护野生鸟类。

拍摄地点： 云南洱源。

Pheasant-tailed Jacana

金眶鸻

学名： *Charadrius dubius*

别名： 小环颈鸻、黑领鸻。

外形特征： 小型鸻鹬，体长 15 ~ 18cm。夏羽前额和眉纹白色，额基和头顶前部绒黑色，头顶后部和枕灰褐色，眼先、眼周和眼后耳区黑色，并与额基和头顶前部黑色相连，眼睑四周金黄色。后颈具一白色环带，向下与额、喉部白色相连，紧接此白环之后有一黑领围绕着上背和上胸，其余上体灰褐色或沙褐色。虹膜黑色；嘴黑色；跗跖橙黄色。

生活习性： 栖息于开阔平原和低山丘陵地带的湖泊、河流岸边以及附近的沼泽、草地和农田地带，也出现于沿海海滨、河口沙洲以及附近盐田和沼泽地带。

分布状况： 全国各地均有分布。

保护及濒危等级： 列入《世界自然保护联盟濒危物种红色名录》，《国家保护的有益的或者有重要经济、科学研究价值的陆生野生动物名录》物种。

拍摄地点： 云南保山。

Little Ringed Plover

林鹬

学名： *Tringa glareola*

外形特征： 体长约 20cm，体型略小而纤细，褐灰色，腹部及臀偏白，腰部白色。上体灰褐色具斑点；眉纹长，白色；尾白而具褐色横斑。脚远伸于尾后。虹膜暗褐色；嘴较短而直，尖端黑色，基部橄榄绿色或黄绿色；脚橄榄绿色、黄褐色、暗黄色和绿黑色。

生活习性： 栖息于林中或林缘开阔沼泽、湖泊、水塘与溪流岸边；也栖息和活动于有稀疏矮树或灌丛的平原水域和沼泽地带。林鹬在中国主要为旅鸟。部分在东北和新疆为夏候鸟，在广东、海南、香港和台湾为冬候鸟。

分布状况： 分布于东北地区，新疆、广东、海南、香港和台湾等地。

保护及濒危等级： 列入《世界自然保护联盟濒危物种红色名录》，《国家保护的有益的或者有重要经济、科学研究价值的陆生野生动物名录》物种。

拍摄地点： 云南昆明。

Wood Sandpiper

黑翅长脚鹬

学名：*Himantopus himantopus*

别名：红腿娘子、高跷鸻。

外形特征：中型鸻鹬，体长 29 ~ 41cm。两翼黑，长长的腿红色，体羽白。颈背具黑色斑块。幼鸟褐色较浓，头顶及颈背沾灰。虹膜红色；嘴细而尖，黑色；跗跖红色。

生活习性：主要栖息于开阔平原草地中的湖泊、浅水塘和沼泽地带。

分布状况：分布于云南昆明、永善、耿马、腾冲、双柏、漾濞等地。在新疆、青海、甘肃等地繁殖，迁徙时遍布全国各地。

保护及濒危等级：列入《世界自然保护联盟濒危物种红色名录》，《国家保护的有益的或者有重要经济、科学研究价值的陆生野生动物名录》物种。

拍摄地点：云南腾冲。

Black-winged Stilt

渔鸥

学名：*Larus ichthyaetus*

外形特征：体长约 68cm，是形体较大鸥类。渔鸥夏羽头黑色，眼上下具白色斑。后颈、腰、尾上覆羽和尾白色。背、肩、翅上覆羽淡灰色，肩羽具白色尖端。下体白色。冬羽头白色，具暗色纵纹，眼上眼下有星月形暗色斑。虹膜暗褐色；嘴粗状，黄色，具黑色亚端斑和红色尖端；脚和趾黄绿色。

生活习性：栖息于海岸、海岛、大型咸水湖。有时也见于大型淡水湖和河流，甚至会飞到海拔较高的高原湖泊。

分布状况：渔鸥为夏候鸟和旅鸟，国内分布于新疆、青海、内蒙古、四川、甘肃、云南、西藏、广东等地。

保护及濒危等级：列入《世界自然保护联盟濒危物种红色名录》，《国家保护的有益的或者有重要经济、科学研究价值的陆生野生动物名录》物种，国家 I 级重点保护野生鸟类。

拍摄地点：云南昆明。

Great Black-headed Gull

河燕鸥

学名：*Sterna aurantia*

外形特征：大型燕鸥，体长 38 ~ 46cm。嘴大，黄色，腿红或橘黄色，尾深叉而形长。上体、腰及尾深灰，外侧尾羽白，翼尖近黑。成鸟嘴端黑色，额及头顶偏白。幼鸟头顶及上体褐色，胸两侧沾灰。似黑腹燕鸥，但体型更大，且下体白色。虹膜深棕色；嘴黄色；跗跖红色。

生活习性：主要栖息在河流和淡水湖中。在沙质和岩石岛屿上繁殖，尤其是河流沿岸。

分布状况：分布于云南西双版纳、盈江、芒市、瑞丽等地。国内还见于西藏。

保护及濒危等级：列入《世界自然保护联盟濒危物种红色名录》，《中国国家重点保护野生动物名录》，国家 I 级重点保护野生鸟类。

拍摄地点：云南盈江。

River Tern

山斑鸠

学名： *Streptopelia orientalis*

别名： 斑鸠、老憨斑。

外形特征： 中型鸠鸽，体长 30 ～ 33cm。嘴爪平直或稍弯曲，嘴基部柔软，被以蜡膜，嘴端膨大而具角质；颈和脚均较短，胫全被羽。上体的深色扇贝斑纹体羽羽缘棕色，腰灰，尾羽近黑，尾梢浅灰。下体多偏粉色。虹膜红褐色或橙红色；嘴粉灰色；跗跖粉红色。

生活习性： 主要栖息于低山丘陵、平原和山地阔叶林、混交林、次生林、果园、农田耕地。

分布状况： 几乎遍布全国各地，为常见留鸟。

保护及濒危等级： 列入《世界自然保护联盟濒危物种红色名录》，《国家保护的有益的或者有重要经济、科学研究价值的陆生野生动物名录》物种。

拍摄地点： 云南丽江。

Oriental Turtle-Dove

珠颈斑鸠

学名： *Streptopelia chinensis*

别名： 珍珠斑、鸪雕、鸪鸟、中斑、花斑鸠。

外形特征： 中型斑鸠，比鸽子略小，体长 30 ~ 33cm。颈部有黑白色的珠花图案，脚红色，尾略显长，外侧尾羽前端的白色甚宽，飞羽较体羽色深。颈侧满是白点的黑色块斑。虹膜橘黄色；嘴黑色；跗跖红色。

生活习性： 活动于各种生境，特别是人类聚居地附近的农田、林地、城镇及乡村等，单独或成对出现，是常见留鸟。

分布状况： 广布于云南省。国内还见于陕西、河北、四川、海南等地。

保护及濒危等级： 列入《世界自然保护联盟濒危物种红色名录》，《国家保护的有益的或者有重要经济、科学研究价值的陆生野生动物名录》物种。

拍摄地点： 云南保山。

Spotted Dove

斑尾鹃鸠

学名： *Macropygia unchall*

别名： 花斑咖追。

外形特征： 中型鸠鸽，体长 36 ～ 38cm。背及尾满布黑色或褐色横斑。头灰，颈背呈亮蓝绿色。胸偏粉，渐至白色的臀部。雌鸟无亮绿色。背上横斑较密，尾部横斑有别于同地区的其他鹃鸠。体色与其他鸠鸽类的绿色或灰色不同，雄鸟的前额、眼先、颊、颏和喉皮黄色，微沾紫色，头顶、后颈和颈侧绿紫色而具金属光泽。虹膜蓝色，外圈粉红色；嘴黑色；跗跖红色。

生活习性： 主要栖息于海拔 800 ～ 3000m 的山地森林，结小群活动。

分布状况： 分布于云南省文山、勐腊、盈江、沧源等地。

保护及濒危等级： 列入《世界自然保护联盟濒危物种红色名录》，《中国国家重点保护野生动物名录》，国家 Ⅱ 级重点保护野生鸟类。

拍摄地点： 云南盈江。

Barred Cuckoo-Dove

绿翅金鸠

学名：*Chalcophaps indica*

别名：绿背金鸠、翠翼鸠。

外形特征：小型鸠鸽，尾甚短的地栖型斑鸠，体长
23 ~ 24cm。雄鸟头顶至枕部蓝灰色，眉纹白色，头侧、
颈部至胸部粉褐色。上背及两翼大致呈翠绿色，具明
显的金属光泽。飞行时背部两道黑色和白色的横纹清
晰可见。下体粉红，头顶灰色，额白，腰灰，两翼具
亮绿色。雌鸟头全为褐色，无灰白色部分。虹膜褐色；
雄鸟嘴红色，雌鸟橙红色；跗跖紫红色。

生活习性：主要栖息于海拔 1200m 以下热带河谷，
临近田间的乔木树上，有随夜间迁徙鸟类活动和趋光
现象。

分布状况：分布于云南、广西、海南、广东、台湾、
西藏等地。

保护及濒危等级：列入《国家保护的有益的或者有重
要经济、科学研究价值的陆生野生动物名录》物种。

拍摄地点：云南保山。

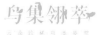

Emerald Dove

红翅绿鸠

学名： *Treron sieboldii*

别名： 白腹楔尾鸠、白腹楔尾绿鸠。

外形特征： 中型鸠鸽，体长 29 ～ 31cm。雄鸟的前额和眼先为亮橄榄黄色，头顶橄榄色，微缀橙棕色。头侧和后颈为灰黄绿色，颈部较灰，常形成一个带状斑。其余上体和翅膀的内侧为橄榄绿色。翅膀上的飞羽和大覆羽黑色，并有大块的紫红栗色斑。中央一对尾羽为橄榄绿色，其余两侧尾羽从内向外由灰绿色至灰黑色。额部、喉部为亮黄色，胸部为黄色而沾棕橙色，两胁具灰绿色条纹，腹部和其余下体为乳白色或淡棕黄色。雌鸟无头顶、胸部的橙棕色及两翼的紫红色部分，均以绿色代替。虹膜外圈紫红色，内圈蓝色；嘴灰蓝色，端部较暗；跗跖红色。

生活习性： 为区域性留鸟，多见于山地和丘陵的阔叶林和混交林，常单只、成对或集小群活动。

分布状况： 主要分布于滇西南。国内还见于陕西、四川、海南等地。

保护及濒危等级： 列入《世界自然保护联盟濒危物种红色名录》，《中国国家重点保护野生动物名录》。

拍摄地点： 云南保山。

White-bellied Green Pigeon

大紫胸鹦鹉

学名： *Psittacula derbiana*

别名： 大鹦哥、大绯胸鹦鹉。

外形特征： 大型鹦鹉，雄鸟体长 43 ～ 50cm，雌鸟体长 37 ～ 45cm。羽毛艳丽，善仿人语。雄鸟眼周及额沾淡绿色，狭窄的黑色额带延伸成眼线；上喙红色，下喙黑色；中央尾羽渐变为偏蓝色。与其他鹦鹉的区别在于颈和胸的上部及上腹部葡萄紫色，且肩部无深栗色斑。雌鸟与雄鸟相似，但上下喙均为黑；前顶冠无蓝色。虹膜淡黄色；雄鸟上嘴红色、下嘴黑色，雌鸟嘴为黑色；跗跖灰绿色。

生活习性： 主要栖息于密林中，常活动于常绿阔叶林、混交林或松林中，有时也到田间活动。

分布状况： 分布于滇中、滇西北、滇南。国内也见于西藏东南部至西南地区。

保护及濒危等级： 列入《世界自然保护联盟濒危物种红色名录》，《中国国家重点保护野生动物名录》，国家 II 级重点保护野生鸟类。

拍摄地点： 云南普洱。

Lord Derby's Parakeet

绯胸鹦鹉

学名： *Psittacula alexandri*

别名： 鹦哥。

外形特征： 中型鹦鹉，体长 29 ~ 34cm。鸟喙强劲有力，喙钩曲，上颌具有可活动关节，喙基部具有腊膜。肌肉质舌厚。脚短，强大，对趾型，两趾向前两趾向后，适合抓握和攀援。头葡萄灰色，眼周沾绿色，前额有一窄的黑带延伸至两眼。上体绿色，颏白色，喉和胸葡萄红色或砖红色。虹膜黄色或黄白色；雄鸟上嘴大都珊瑚红色，先端象牙色，雌鸟嘴黑褐色；跗跖灰绿色或黄绿色。

生活习性： 主要栖息于各种型态开阔林区、山麓丘陵地区。

分布状况： 分布于滇西南和滇南。国内还见于西藏、广西和海南等地。

保护及濒危等级： 列入《世界自然保护联盟濒危物种红色名录》，《濒危野生动植物种国际贸易公约》附录Ⅱ物种，《中国生物多样性红色名录》，《中国国家重点保护野生动物名录》，国家Ⅱ级重点保护野生鸟类。

拍摄地点： 云南普洱。

鸟巢翎萃
云南珍稀鸟类鉴赏

Red-breasted Parakeet

凤头树燕

学名： *Hemiprocne coronata*

外形特征： 凤头树燕是一种小型鸟类，体长约为21～25cm。头上具有一个长长的羽冠让其显得与众不同，羽冠闪耀着绿色的光泽，非常美丽。它的嘴短而圆，眼睛大，尾羽甚长，往尾尖逐渐变细，称为铗尾。上体为蓝灰色。虹膜褐色；嘴黑色；脚红色。

生活习性： 主要栖息于林地边缘、次生林、果园、公园等有树木且较为开阔的地区。

分布状况： 分布于云南沧源、景洪、勐腊等地。国内还见于台湾和山东沿海。

保护及濒危等级： 列入《世界自然保护联盟濒危物种红色名录》，《中国国家重点保护野生动物名录》，国家Ⅱ级重点保护野生鸟类。

拍摄地点： 云南盈江。

Crested Treeswift

普通翠鸟

学名： *Alcedo atthis*

别名： 打渔郎。

外形特征： 小型翠鸟，体长 15 ~ 18cm。外形和斑头大翠鸟相似。但体型较小，体色较淡，耳覆羽棕色，翅和尾较蓝，下体较红褐，耳后有一白斑。雌鸟上体羽色较雄鸟稍淡，多蓝色，少绿色。头顶呈灰蓝色，胸、腹棕红色，但较雄鸟为淡，且胸无灰色。虹膜土褐色；嘴黑色；跗跖朱红色；爪黑色。

生活习性： 主要栖息于灌丛或疏林、水清澈而缓流的小河、溪涧、湖泊以及灌溉渠等水域。

分布状况： 全国均有分布。

保护及濒危等级： 列入《世界自然保护联盟濒危物种红色名录》，《国家保护的有益的或者有重要经济、科学研究价值的陆生野生动物名录》物种。

拍摄地点： 云南丘北。

Common Kingfisher

三趾翠鸟

学名：*Ceyx erithaca*

外形特征：小型翠鸟，体长 13 ～ 14cm。颜色非常艳丽，额黑色；头、颈橙红色；肩羽灰褐色，羽毛端部具深蓝色羽缘；上背深蓝；下背、腰、尾上覆羽、尾羽橙红色，除尾羽外，其他各部位中央紫红色。仅有三趾，尾较嘴短；翼形尖长；羽色非黑白色。嘴粗直，长而坚，嘴脊圆形，鼻沟不显著。虹膜深褐色；嘴红色；跗跖红色。

生活习性：主要栖息于海拔 1500m 以下的常绿阔叶林小溪与河流岸边，是典型的林间溪边鸟类。

分布状况：分布于云南腾冲、河口、景洪、勐腊等地。国内还见于广西、海南等地。

保护及濒危等级：列入《世界自然保护联盟濒危物种红色名录》。

拍摄地点：云南腾冲。

Oriental Dwarf Kingfisher

白胸翡翠

学名： *Halcyon smyrnensis*

外形特征： 较大型翠鸟，体长 27 ~ 30cm。头、后颈、
上背棕赤色；下背、腰、尾上覆羽、尾羽亮蓝色。翼
亮蓝色，但初级飞羽端部黑褐色，中部内羽片为白色，
飞时形成一大白斑；中覆羽黑色；小覆羽棕赤色。额、
喉、前胸和胸部中央白色。虹膜暗褐色；嘴红色；跗
跖红色。

生活习性： 主要栖息于山地森林和山脚平原河流、湖
泊岸边，也出现于池塘、水库、沼泽和稻田等水域
岸边。

分布状况： 除云南怒江州、迪庆州外，全省均有分布。
国内见于长江以南大部分地区。

保护及濒危等级： 列入《世界自然保护联盟濒危物种
红色名录》，《中国国家重点保护野生动物名录》，
国家 II 级重点保护野生鸟类。

拍摄地点： 云南腾冲。

White-throated Kingfisher

 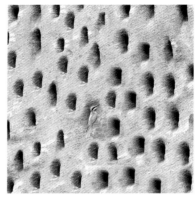

栗喉蜂虎

学名： *Merops philippinus*

外形特征： 大型蜂虎，体长 25 ~ 31cm。外形美丽，喉栗红色，具黑色过眼纹，翅膀和背部绿色，尾翼蓝色，飞行时翅膀下面的羽毛为橙黄色。虹膜红色；嘴黑色；脚黑色。

生活习性： 常见于海拔 1200m 以下的开阔生境。主要生活在东南亚一带。

分布状况： 云南、海南、广东、福建的部分地区有分布。

保护及濒危等级： 列入《世界自然保护联盟濒危物种红色名录》，《国家保护的有益的或者有重要经济、科学研究价值的陆生野生动物名录》物种，《中国国家重点保护野生动物名录》，国家 II 级重点保护野生鸟类。

拍摄地点： 云南巧家。

Blue-tailed Bee-eater

蓝喉蜂虎

学名：*Merops viridis*

外形特征：大型蜂虎，体长 26 ～ 28cm。头顶至上背栗红色或巧克力色，过眼线黑色，腰和尾为蓝色，翼蓝绿色，腰及长尾浅蓝，中央尾羽延长成针状，明显突出于外。颏喉蓝色，其余下体和两翅绿色。嘴细长而尖，黑色，微向下曲。虹膜红色；嘴黑色；跗跖灰黑色。

生活习性：主要栖息于林缘疏林、灌丛、草坡等开阔地方，也出现于农田、海岸、河谷和果园等地。

分布状况：主要分布于云南东南部。国内还见于广西南部、广东、海南、福建、台湾和香港等地区。

保护及濒危等级：列入《世界自然保护联盟濒危物种红色名录》，《国家保护的有益的或者有重要经济、科学研究价值的陆生野生动物名录》物种，《中国国家重点保护野生动物名录》，国家 II 级重点保护野生鸟类。

拍摄地点：云南巧家。

Blue-throated bee-eater

蓝须蜂虎

学名： *Nyctyornis athertoni*

外形特征： 大型蜂虎，体长 31 ～ 35cm。是绿色林栖型蜂虎，蓝色的胸羽蓬松，嘴厚重而下弯。成鸟顶冠淡蓝，腹部棕黄带绿色纵纹。尾羽腹面黄褐。亚成鸟全身绿色。喉、胸部中央的羽甚长和亮色；该物种嘴形较粗厚、顶峰较平，每侧有一凹陷；鼻孔为小羽所掩；翅长；尾长，微凸形。虹膜橘黄色；嘴灰黑色；跗跖绿褐色。

生活习性： 主要栖息于低海拔地区比较茂密的森林和林缘，在树冠上活动和捕食昆虫。

分布状况： 分布于云南和海南等地区。

保护及濒危等级： 列入《世界自然保护联盟濒危物种红色名录》，《中国国家重点保护野生动物名录》，国家 II 级重点保护野生鸟类。

拍摄地点： 云南昭通。

Blue—bearded Bee—eater

戴胜

学名：*Upupa epops*

别名：屎咕咕。

外形特征：体长25～32cm。头顶羽冠长而阔，呈扇形，颜色为棕红色或沙粉红色，具黑色端斑和白色次端斑。头侧和后颈淡棕色，上背和肩灰棕色。下背黑色而杂有淡棕白色宽阔横斑。初级飞羽黑色，飞羽中部具一道宽阔的白色横斑，其余飞羽具多道白色横斑。翅上覆羽黑色，也具较宽的白色或棕白色横斑。腰白色，尾羽黑色而中部具一白色横斑。颏、喉和上胸为葡萄棕色。腹白色而杂有褐色纵纹。虹膜暗褐色；嘴细长而向下弯曲，黑色，嘴基部淡肉色；跗跖铅色或褐色。

生活习性：主要栖息于山地、平原、森林、林缘、路边、河谷、农田、草地、村屯和果园等开阔地方，尤其以林缘耕地生境较为常见。

分布状况：全国均有分布。

保护及濒危等级：列入《世界自然保护联盟濒危物种红色名录》，《国家保护的有益的或者有重要经济、科学研究价值的陆生野生动物名录》物种。

拍摄地点：云南楚雄。

Common Hoopoe

双角犀鸟

学名：*Buceros bicornis*

别名：诺哥罕自（傣语）、老倌雀、大嘴雀。

外形特征：大型犀鸟，体长119～128cm。盔突的上面微凹，前缘形成两个角状突起，如同犀牛鼻子上的大角，又好像古代武士的头盔，非常威武，因此得名双角犀鸟。双角犀鸟是中国所产犀鸟中体形最大的一种。雄鸟虹膜红色，雌鸟近白色；喙基和盔下部黑色，上喙端及盔顶略带红色，上喙橙黄色；跗跖灰黑色。

生活习性：主要栖息于海拔1500m以下的低山和山脚平原常绿阔叶林，尤其喜欢靠近湍急溪流的林中沟谷地带。

分布状况：仅分布于云南西南部。

保护及濒危等级：列入《世界自然保护联盟濒危物种红色名录》，《中国国家重点保护野生动物名录》，国家Ⅰ级重点保护野生鸟类。

拍摄地点：云南盈江。

Great Hornbill

花冠皱盔犀鸟

学名：*Rhyticeros undulatus*

外形特征：小型犀鸟，体长84～102cm。尾白，雄雌两性的背、两翼及腹部均为黑色，但雄鸟头部奶白色，枕部具略红的丝状羽，裸出的喉囊上具明显的黑色条纹。雌鸟头颈黑色，喉囊蓝色。虹膜红色；嘴黄色，盔突有褶皱；脚黑色。

生活习性：主要栖息于低海拔地区的阔叶林，通常成对或集小群活动。在云南西南部的盈江采到标本，种群数量较为稀少。

分布状况：仅分布于云南。

保护及濒危等级：列入《世界自然保护联盟濒危物种红色名录》，《中国国家重点保护野生动物名录》，国家Ⅰ级重点保护野生鸟类。

拍摄地点：云南盈江。

Wreathed Hornbill

冠斑犀鸟

学名：*Anthracoceros albirostris*

别名：诺戛（傣语）、钟情鸟。

外形特征：小型犀鸟，体长 74 ~ 78cm。盔突较大，颜色为蜡黄色或象牙白色，盔突前面有显著的黑色斑。上体黑色，具金属绿色光泽；下体除腹为白色外，亦全为黑色；外侧尾羽具宽阔的白色末端。翅缘、飞羽先端和基部亦为白色，飞翔时极明显。虹膜红褐色，眼周裸露皮肤紫蓝色，喉侧裸露斑块肉色；嘴和盔突象牙白色或蜡黄色，盔突先端和嘴基黑色，跗跖铅黑色。

生活习性：主要栖息于海拔较低的开阔森林，常成对或集小群活动。

分布状况：分布于云南、广西等地，为稀有留鸟。

保护及濒危等级：列入《世界自然保护联盟濒危物种红色名录》，《中国国家重点保护野生动物名录》，国家Ⅰ级重点保护野生鸟类。

拍摄地点：云南盈江。

Oriental pied hornbill

大拟啄木鸟

学名：*Psilopogon virens*

外形特征：大型拟䴕，体长 32 ～ 35cm。嘴大而粗厚，象牙色或淡黄色，头部暗蓝色，肩背暗绿褐色。上胸暗褐色，下胸和腹淡黄色，具宽阔的绿色或蓝绿色纵纹；尾下覆羽红色。野外特征极明显，容易识别。虹膜深褐色；嘴黄色，上部末端黑色；跗跖铅灰色。

生活习性：主要栖息于阔叶乔木林，有时也见于针阔混交林中。

分布状况：主要分布于滇西、滇南。国内还分布于长江以南广大地区。

保护及濒危等级：列入《世界自然保护联盟濒危物种红色名录》，《国家保护的有益的或者有重要经济、科学研究价值的陆生野生动物名录》物种。

拍摄地点：云南保山。

Great Barbet

蓝喉拟啄木鸟

学名：*Psilopogon asiaticus*

外形特征：中型拟䴕，体长 21 ～ 24cm。前额至头顶鲜红色，其上有一宽阔的黑色横带，将此红色分为前后二块；头侧、颏、喉蓝色，下喉两侧各具一红色点斑。上体草绿色，下体淡黄绿色。野外特征极明显，容易识别。虹膜深褐色；嘴淡黄色，末端色深；跗跖灰褐色。

生活习性：主要栖息于海拔 1600m 以下的山谷、丘陵及坝区多榕树的阔叶林、村寨旁，多单个活动。

分布状况：分布于云南、贵州和广西等地，为常见留鸟。

保护及濒危等级：列入《世界自然保护联盟濒危物种红色名录》，《国家保护的有益的或者有重要经济、科学研究价值的陆生野生动物名录》物种。

拍摄地点：云南保山。

Blue-throated Barbet

金喉拟啄木鸟

学名：*Psilopogon franklinii*

外形特征：中型拟鴷，体长 19 ~ 24cm。色彩艳丽的拟啄木鸟，头顶为红黄红色，具宽的黑色贯眼纹，颏及上喉黄而下喉浅灰。虹膜近红色；嘴黑色；跗跖铅灰色。

生活习性：主要栖息于海拔 500 ~ 2500m 的常绿阔叶林中。

分布状况：分布于滇西。

保护及濒危等级：列入《世界自然保护联盟濒危物种红色名录》，《国家保护的有益的或者有重要经济、科学研究价值的陆生野生动物名录》物种。

拍摄地点：云南保山。

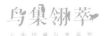

Golden-throated Barbe

黄冠啄木鸟

学名：*Picus chlorolophus*

外形特征：小型绿色啄木鸟，体长 23 ~ 27cm，额和眉纹鲜红色，头顶和耳羽橄榄绿色，枕部具有鲜黄色羽冠，极为醒目。颊部有一条白纹。上体和胸草绿色或橄榄绿色，腹至尾下覆羽淡黄白色而具褐色横斑。虹膜红色或朱红色。嘴黑色或灰黄色，先端和嘴峰角褐色，跗蹠和趾绿黑色或灰绿褐色。爪黑褐色或黄色。

生活习性：主要栖息于常绿阔叶林和混交林中，也出现于竹林和林缘灌丛地带。

分布状况：国内分布于云南、西藏、广西、福建和海南。

保护及濒危等级：列入《世界自然保护联盟濒危物种红色名录》，《中国生物多样性红色名录》，《中国国家重点保护野生动物名录》，国家 II 级重点保护野生鸟类。

拍摄地点：云南保山。

灰头绿啄木鸟

学名： *Picus canus*

外形特征： 大型啄木鸟，体长 26 ～ 33cm。雄鸟前顶冠猩红，眼先、狭窄颊纹、后枕及后颈黑色，头部其余部分大致灰色。背部及两翼大部分黄绿色。下体全灰，腰部暗黄色，尾羽黑色具白色横纹。雌鸟顶冠灰色而无红斑。虹膜红褐色；嘴近灰色；脚蓝灰色。

生活习性： 主要栖息于低山阔叶林和混交林。

分布状况： 国内分布广泛。

保护及濒危等级： 列入《世界自然保护联盟濒危物种红色名录》，《国家保护的有益的或者有重要经济、科学研究价值的陆生野生动物名录》物种。

拍摄地点： 云南保山。

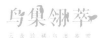

Grey-headed Woodpecker

大金背啄木鸟

学名：*Chrysocolaptes lucidus*

外形特征： 大型啄木鸟，体长 26 ～ 29cm。嘴长而直，鼻孔长且扩张。脚格外强壮，大趾发达，爪长而强。雄鸟前额及头顶红色，并延长至后颈形成羽冠，羽冠下方具有一条黑色细纹，眼周及耳羽黑色，并延伸至颈侧。胸部及腹部白色而具黑色鳞状斑纹，腰部红色。外侧尾羽较尾上覆羽略长。雌鸟顶冠黑色具白色点斑，鼻孔裸露，背羽金橄榄色而无斑。有羽冠，颈后面白色，腰红色。虹膜黄褐色；嘴灰黑色，基部色浅；跗跖灰黑色。

生活习性： 喜欢栖息于较开阔的林地及林缘。成对活动，有时錾木声很大。

分布状况： 分布于云南西南部、南部及西藏东南部。

保护及濒危等级： 列入《世界自然保护联盟濒危物种红色名录》，《国家保护的有益的或者有重要经济、科学研究价值的陆生野生动物名录》物种。

拍摄地点： 云南保山。

Greater Flamebacked Woodpecker

大斑啄木鸟

学名：*Dendrocopos major*

别名：赤䴕、臭奔得儿木、花奔得儿木、花啄木、白花啄木鸟、啄木冠、叨木冠。

外形特征：中型啄木鸟，体长 20 ~ 25cm。带黑色纵纹的近白色胸部上无红色或橙红色，以此有别于相近的赤胸啄木鸟及棕腹啄木鸟。雄鸟头顶黑色，枕部红色，黑色颊纹延伸至颈侧并向上包围耳羽后缘，但不与黑色后颈相连，头颈其余部分烟灰色。背部黑色，几枚覆羽全白而形成白色条带，飞羽黑色具白色横纹。下体大致烟灰色，下腹至尾下覆羽红色。尾羽黑色，最外侧尾羽白色具黑色横纹。雌鸟似雄鸟而枕部黑色。虹膜深褐色；嘴灰黑色；跗跖灰黑色。

生活习性：主要栖息于山地和平原针叶林、针阔叶混交林和阔叶林中，尤以混交林和阔叶林较多，也出现于林缘次生林和农田地边疏林及灌丛地带。

分布状况：国内几乎见于所有林区。

保护及濒危等级：列入《世界自然保护联盟濒危物种红色名录》，《国家保护的有益的或者有重要经济、科学研究价值的陆生野生动物名录》物种。

拍摄地点：云南昆明。

Great Spotted

银胸丝冠鸟

学名： *Serilophus lunatus*

外形特征： 小型阔嘴鸟，体长 15 ～ 18cm。嘴宽阔、天蓝色，基部橙色。鼻孔圆形具宽阔的黑色眉纹。上背烟灰色，下背至尾上覆羽栗色，两翅的翼缘白色，翼角羽缘缀浅灰蓝色，覆羽和羽端均为亮黑色，翅膀表面具有显著的亮蓝色和白色翼镜。尾羽黑色，中央两对纯黑，第三对多少沾一些白色，其余尾羽均具宽阔的白色端斑，呈凸尾型。虹膜暗褐色，眼周裸露皮肤黄色，围眼蓝绿色；嘴淡蓝色或淡黄色，下基黄色；跗跖黄绿色。

生活习性： 热带森林鸟类，主要栖息于热带和亚热带山地森林中，海拔高度多在 1500m 以下，也栖息于林缘、溪边小树上或灌丛。

分布状况： 分布于云南南部和西南部。国内还见于广西、海南及台湾等地。

保护及濒危等级： 列入《世界自然保护联盟濒危物种红色名录》，《中国生物多样性红色名录》，《中国国家重点保护野生动物名录》，国家 II 级重点保护野生鸟类。

拍摄地点： 云南盈江。

Sliver-breasted Broadbill

长尾阔嘴鸟

学名: *Psarisomus dalhousiae*

外形特征: 中型鸟类,体长 20 ~ 28cm。雄鸟和雌鸟的羽色相似,都比较艳丽,嘴形宽阔而平扁。头部及耳羽为亮黑色,顶部中央有一个亮蓝色斑块,稍沾紫色或淡黄白色,闪耀宝石光泽;后枕两侧各具一块鲜黄斑。前额基线至眼前,喉部及颈侧均为亮黄色。两翅基部亮钻蓝色,形成显著的翼镜,余部暗蓝色和绿色,近基部具白色翼斑。上体为亮草绿色;下体淡绿色,尾羽表面亮蓝色。虹膜褐色或红褐色;嘴黄绿色;跗跖橄榄绿色。

生活习性: 热带林栖鸟类,通常栖息于海拔 880~1500m 的常绿阔叶林中,尤喜在山溪旁阔叶林中活动。

分布状况: 分布于滇西、滇东南、滇南。

保护及濒危等级: 列入《世界自然保护联盟濒危物种红色名录》,《中国生物多样性红色名录》,《中国国家重点保护野生动物名录》,国家 II 级重点保护野生鸟类。

拍摄地点: 云南盈江。

Long–tailed Broadbill

蓝枕八色鸫

学名：*Pitta nipalensis*

外形特征：体长 22～25cm。雄鸟头顶后部至后颈辉蓝色，前头、眉纹、颊及耳羽褐黄；背羽辉绿沾棕；尾橄榄绿；翼覆羽色似背羽，飞羽褐色。下体棕褐。雌鸟体羽以褐为主，枕至后颈暗绿。虹膜淡褐色或暗褐色，眼睑肉红色；嘴褐色；脚粉褐色。

生活习性：主要栖息于亚热带或热带的沼泽林、湿润低地林，多见于海拔 700m 以下。

分布状况：分布于云南西南部。国内还见于西藏南部、广西西南部。

保护及濒危等级：列入《世界自然保护联盟濒危物种红色名录》，《中国生物多样性红色名录》，《中国国家重点保护野生动物名录》，国家 II 级重点保护野生鸟类。

拍摄地点：云南盈江。

Blue-naped Pitta

栗头八色鸫

学名：*Pitta oatesi*

别名：锅巴雀。

外形特征：体长为 24 ~ 26cm。体型圆胖，尾短，腿长，常在森林底层或低植被中找食无脊椎动物。头部栗褐色。前额、两颊、颈侧、喉至上胸渲染粉红色。上体、尾表暗绿，腰沾蓝色，上背栗褐色。下体茶黄，肛周呈棕白色。虹膜棕红或红褐色；上嘴黑色，下嘴黄褐色；跗跖灰白色或角褐色。

生活习性：主要栖息于海拔 1800m 以下的热带地区，在茂密的常绿阔叶林下的荫湿处活动。

分布状况：分布于云南盈江、芒市、孟连、勐海、屏边、绿春、河口、马关等地。

保护及濒危等级：列入《世界自然保护联盟濒危物种红色名录》，《中国生物多样性红色名录》，《中国国家重点保护野生动物名录》，国家 II 级重点保护野生鸟类。

拍摄地点：云南盈江。

Rusty-naped Pitta

灰鹡鸰

学名： *Motacilla cinerea*

别名： 黄腹灰鹡鸰、黄鸰、灰鸰、马兰花儿。

外形特征： 体长 17 ~ 20cm。与黄鹡鸰的区别在上背灰色，飞行时白色翼斑和黄色的腰显现，且尾较长。头部和背部深灰色。尾上覆羽黄色，中央尾羽褐色，最外侧 1 对黑褐色具大形白斑。眉纹白色。喉、颏部黑色，冬季为白色。腰黄绿色，下体黄。虹膜褐色；嘴黑褐色；跗跖粉灰色。

生活习性： 主要栖息于山区近水处，如池畔、草地、林缘或住宅等。

分布状况： 几乎遍布云南各地。

保护及濒危等级： 列入《世界自然保护联盟濒危物种红色名录》，《国家保护的有益的或者有重要经济、科学研究价值的陆生野生动物名录》物种。

拍摄地点： 云南昆明。

Grey Wagtail

白鹡鸰

学名：*Motacilla alba*

别名：点水雀、白颤儿、白面鸟、张飞鸟。

外形特征：体长 17 ～ 20cm。额头顶前部和脸白色，头顶后部、枕和后颈黑色。背、肩黑色或灰色，飞羽黑色。尾长而窄，尾羽黑色。体羽为黑白二色。下体白色。虹膜黑褐色；嘴黑色；跗跖黑色。

生活习性：主要栖息于村落、河流、小溪、水塘等附近，在离水较近的耕地、草场等均可见到。

分布状况：遍布全国。

保护及濒危等级：列入《世界自然保护联盟濒危物种红色名录》，《国家保护的有益的或者有重要经济、科学研究价值的陆生野生动物名录》物种。

拍摄地点：云南昆明。

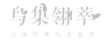
White Wagtail

短嘴山椒鸟

学名：*Pericrocotus brevirostris*

外形特征：体长 17 ~ 20cm。雄鸟从头至背黑色，腰和尾上覆羽为赤红色，两翅黑色具赤红色翼斑，中央尾羽黑色，外侧尾羽基部黑色，端部红色。下体颏、喉黑色，其余下体为赤红色。雌鸟额和头顶前部深黄色，头顶至背深灰色，颊和耳羽黄色，腰和尾上覆羽深橄榄色。两翅黑色具黄色翅斑。中央尾羽黑色，外侧尾羽基部黑色，端部黄色。虹膜褐色；嘴黑色；跗跖黑色。

生活习性：栖息于海拔 1000 ~ 2500m 的山地常绿阔叶林、落叶阔叶林、针阔叶混交林和针叶林等各类森林中，尤以常绿阔叶林和混交林及林缘疏林地带较常见。

分布状况：国内见于西藏、四川、云南、贵州、广西、广东等省，主要为夏候鸟。

保护及濒危等级：列入《世界自然保护联盟濒危物种红色名录》，《国家保护的有益的或者有重要经济、科学研究价值的陆生野生动物名录》物种。

拍摄地点：云南安宁。

Short—billed Minivet

灰喉山椒鸟

学名： *Pericrocotus solaris*

外形特征： 体长 18 ~ 22cm。雄鸟头部和背亮黑色，腰、尾上覆羽和下体朱红色，翅黑色具一大一小的两道朱红色翼斑。中央尾羽黑色，外侧尾羽基部黑色，端部红色。雌鸟额、头顶前部、颊、耳羽和整个下体均为黄色，腰和尾上覆羽亦为黄色。翅和尾颜色与雄鸟大致相似，但其上的红色由黄色取代。虹膜深褐色；嘴黑色；跗跖黑色。

生活习性： 主要栖息于海拔 2000m 以下的低山丘陵地带的杂木林和山地森林中。

分布状况： 分布于滇西、滇南、滇东南地区。国内还见于贵州、湖南、江西、广西、广东、福建等地。

保护及濒危等级： 列入《世界自然保护联盟濒危物种红色名录》，《国家保护的有益的或者有重要经济、科学研究价值的陆生野生动物名录》物种。

拍摄地点： 云南腾冲。

Grey-chinned Minivet

黑冠黄鹎

学名： *Pycnonotus melanicterus*

外形特征： 中等体型黄色鹎，体长 18 ~ 21cm。雌雄相似。成鸟整个头、颈、颏、喉全为黑色，头顶具直立而显著的黑色羽冠，上体橄榄黄绿色，尾羽暗褐色，下体鲜橄榄黄色。胸和两胁较深暗，翼缘鲜黄色，翼下覆羽黄白色。虹膜金黄色或淡黄色；嘴黑色；跗跖暗褐色或黑色。

生活习性： 主要栖息于海拔 1800m 以下的低地丘陵、常绿阔叶林中，尤喜溪流、河谷阔叶林和雨林地带。

分布状况： 分布于云南盈江、永德、沧源、富宁、西双版纳等地。国内还分布于广西、西藏。

保护及濒危等级： 列入《世界自然保护联盟濒危物种红色名录》。

拍摄地点： 云南德宏。

Black-Crested Yellow Bulbul

黄臀鹎

学名： *Pycnonotus xanthorrhous*

别名： 老倌雀、黑头公、老洋雀。

外形特征： 中型鹎类，体长 17 ~ 21cm。雌雄相似。成鸟额、头顶、枕、眼先、眼周均为黑色，额和头顶微具光泽，下嘴基部两侧各有一红色小斑点，耳羽灰褐或棕褐色，颏、喉白色，喉侧具不明显的黑色髭纹。其余下体污白色或乳白色，上胸灰褐色，两胁灰褐色或烟褐色，尾下覆羽深黄色或金黄色。虹膜棕色、茶褐色或黑褐色；嘴黑色；跗跖深褐色。

生活习性： 主要栖息于中低山、山脚平坝、丘陵地区的次生阔叶林、栎林、混交林及林缘地区。

分布状况： 国内见于南方大部分地区。

保护及濒危等级： 列入《世界自然保护联盟濒危物种红色名录》，《国家保护的有益的或者有重要经济、科学研究价值的陆生野生动物名录》物种。

拍摄地点： 云南保山。

Brown-breasted Bulbul

黑喉红臀鹎

学名： *Pycnonotus cafer*

别名： 黑头公、红臀鹎。

外形特征： 大型鹎类，体长 19～23cm。雌雄相似。成鸟额至头顶黑色而富有金属光泽，头顶具短的黑色羽冠。眼先、眼周、嘴基、颏、喉全为黑色，胸暗褐至栗褐色、具灰白色羽缘，腹白色，尾下覆羽血红色。虹膜暗褐色；嘴黑色；跗跖黑色。

生活习性： 主要栖息于海拔 1000m 以下的丘陵和平原，常在灌丛、竹林和常绿阔叶林林缘地带活动。

分布状况： 分布于西藏东南部到云南西部。

保护及濒危等级： 列入《世界自然保护联盟濒危物种红色名录》。

拍摄地点： 云南保山。

Red-vented Bulbul

黑短脚鹎

学名： *Hypsipetes leucocephalus*

别名： 黑鹎、山白头、白头公、白头黑布鲁布鲁。

外形特征： 大型鹎类，体长 22～26cm。尾呈浅叉状。有两种色型，一种通体黑色，另一种头颈白色，其余通体黑色。虹膜深褐色；嘴红色；跗跖红色。

生活习性： 主要栖息于海拔 500～1000m 的低山丘陵和山角平原地带的树林中。

分布状况： 国内分布于长江流域及其以南各省。

保护及濒危等级： 列入《世界自然保护联盟濒危物种红色名录》，《国家保护的有益的或者有重要经济、科学研究价值的陆生野生动物名录》物种。

拍摄地点： 云南保山。

Black Bulbul

橙腹叶鹎

学名： *Chloropsis hardwickii*

外形特征： 体长 17 ~ 21cm，色彩鲜艳。雄鸟上体绿色，下体浓橘黄色，两翼及尾蓝色，脸罩及胸兜黑色，髭纹蓝色。雌鸟不似雄鸟显眼，体多绿色，髭纹蓝色，腹中央具一道狭窄的赭石色条带。虹膜褐色；嘴黑色；跗跖近黑色。

生活习性： 一般栖息于滨海的平原至海拔约 2200m 的山地以及开阔的针阔混交林、阔叶林、沟谷林、季雨林。

分布状况： 分布于滇西、滇南。国内还分布于华南山区。

保护及濒危等级： 列入《世界自然保护联盟濒危物种红色名录》，《国家保护的有益的或者有重要经济、科学研究价值的陆生野生动物名录》物种。

拍摄地点： 云南保山。

Orange-bellied Leafbird

棕背伯劳

学名： *Lanius schach*

别名： 海南鵙、大红背伯劳、桂来姆、马大头。

外形特征： 大型伯劳，体长 23 ~ 28cm。头大，额、头顶至后颈黑色或灰色、具黑色贯眼纹。翅短圆，两翅黑色具白色翼斑；尾长，圆形或楔形，黑色；外侧尾羽皮黄褐色。背棕红色。下体额、喉白色，其余下体棕白色。喙粗壮而侧扁，先端具利钩和齿突，嘴须发达；跗跖强健，趾具钩爪。虹膜黑色；嘴铅灰色；跗跖深灰色。

生活习性： 主要栖息于低山丘陵和山脚平原地区。

分布状况： 几乎遍布云南全省。国内分布于黄河以南广大地区。

保护及濒危等级： 列入《世界自然保护联盟濒危物种红色名录》，《国家保护的有益的或者有重要经济、科学研究价值的陆生野生动物名录》物种。

拍摄地点： 云南保山。

Long-tailed Shrike

灰卷尾

学名： *Dicrurus leucophaeus*

别名： 灰黎鸡、铁链甲、白颊卷尾、灰龙尾燕、白颊
乌秋。

外形特征： 中型卷尾类，体长 27 ～ 31cm。嘴形强
健侧扁，嘴峰稍曲，先端具钩，嘴须存在。鼻孔为
垂羽悬掩。尾长而呈叉状，尾羽上有不明显的浅黑
色横纹。跗跖短而强健，前缘具盾状鳞。全身暗灰色，
鼻孔处的宽度与厚度几相等。虹膜橙红色；嘴黑色；
跗跖黑色。

生活习性： 主要栖息于平原丘陵地带、村庄附近、河
谷或山区。通常成对或单个停留在高大乔木树冠顶端。

分布状况： 云南全省均有分布。国内主要分布于东部
和南部地区。

保护及濒危等级： 列入《世界自然保护联盟濒危物种
红色名录》，《国家保护的有益的或者有重要经济、
科学研究价值的陆生野生动物名录》物种。

拍摄地点： 云南保山。

Ashy Drongo

大盘尾

学名： *Dicrurus paradiseus*

别名： 带箭鸟、长尾姑、大拍卷尾。

外形特征： 大型卷尾类，体长 31 ~ 37cm，加长尾羽，可达 66cm。通体黑色。额部羽簇长而卷翘，形成直立向上的羽冠。尾呈叉型而有别于小盘尾。虹膜红色；嘴黑色；跗跖黑色。

生活习性： 主要栖息于热带阔叶雨林、原始密林中，亦见于林区空旷出处或林间草地附近。

分布状况： 主要分布于云南盈江、西双版纳及绿春。国内还见于海南。

保护及濒危等级： 列入《世界自然保护联盟濒危物种红色名录》，《中国国家重点保护野生动物名录》，国家 II 级重点保护野生鸟类。

拍摄地点： 云南盈江。

Greater Racket−tailed Drongo

蓝绿鹊

学名： *Cissa chinensis*

外形特征： 中型鸦科鸟类，体长 33 ~ 40cm。外形极为美丽，尾长，嘴、脚鲜红色。通体羽色主要为草绿色，宽阔的黑色贯眼纹向后延伸到后颈，在绿色的头侧极为醒目。虹膜褐色；嘴橙色或红色；跗跖橙色或红色。

生活习性： 性隐蔽，以小家族群栖于原始林、过伐林和次生林高大的乔木中，单独或成对活动。

分布状况： 分布于云南盈江、西双版纳、沧源、绿春等地。国内还见于西藏、广西。

保护及濒危等级： 列入《世界自然保护联盟濒危物种红色名录》，《中国国家重点保护野生动物名录》，国家Ⅱ级重点保护野生鸟类。

拍摄地点： 云南盈江。

Common Green Magpie

红嘴蓝鹊

学名：*Urocissa erythroryncha*

别名：山喳啦、拖白练。

外形特征：大型鸦科鸟类，体长 54 ～ 65cm。具长尾的亮丽蓝鹊，头黑而顶冠白。与黄嘴蓝鹊的区别在嘴猩红，脚红色。腹部及臀白色，尾楔形，外侧尾羽黑色而端白。虹膜红色；嘴红色；跗跖红色。

生活习性：主要栖息于山区常绿阔叶林、针叶林等各种不同类型的森林中。

分布状况：几乎遍布云南全省。

保护及濒危等级：列入《世界自然保护联盟濒危物种红色名录》，《国家保护的有益的或者有重要经济、科学研究价值的陆生野生动物名录》物种。

拍摄地点：云南安宁。

Red-billed Blue Magpie

黑额树鹊

学名： *Dendrocitta frontallis*

外形特征： 体型较小，全长约38cm，尾长黑色，上背、背、下腹及尾覆羽棕色。

生活习性： 主要栖息于亚热带或热带的湿润低地林、亚热带或热带严重退化的前森林和亚热带或热带的湿润山地林。

分布状况： 国内西南地区有分布。

保护及濒危等级： 列入《世界自然保护联盟濒危物种红色名录》。

拍摄地点： 云南盈江。

Collared Treepie

栗背岩鹨

学名： *Prunella immaculata*

外形特征： 小型深色岩鹨，体长 14 ~ 16cm，大小
和山雀相似。头顶深灰色，头侧、颈侧、颏和胸灰色，
臀栗褐，下背及次级飞羽绛紫色。虹膜白色；嘴角
质色；跗跖浅褐色。

生活习性： 主要栖息于海拔 3000 ~ 4000m 的高山针
叶林、草甸、多岩石草等开阔的疏林灌丛地区。

分布状况： 分布于云南泸水、腾冲、大理、丽江、昆
明等地。

保护及濒危等级： 列入《世界自然保护联盟濒危物种
红色名录》。

拍摄地点： 云南腾冲。

Maroon-backed Accentor

红喉歌鸲

学名：*Calliope calliope*

别名：西伯利亚歌鸲、红脖、红脖雀（雌）、红点颏
（雄）、野鸲。

外形特征：体型中等，体长 14 ~ 16cm。具醒目的
白色眉纹和颊纹，尾褐色，两胁皮黄，腹部皮黄白。
雄鸟喉部鲜红色，雌鸟喉部红色面积小。雌鸟胸带
近褐，头部黑白色条纹独特。成年雄鸟特征为喉红
色。虹膜褐色；嘴深褐色；跗跖粉褐色。

生活习性：多栖息于低山丘陵和山脚平原地带的次生
阔叶林和混交林中。繁殖于中国东北、青海东北部、
四川、甘肃南部等；越冬于中国南方、台湾及海南。

分布状况：分布于中国东北地区、中国南方，青海、
四川、甘肃、台湾及海南等地。

保护及濒危等级：列入《世界自然保护联盟濒危物种
红色名录》，《中国国家重点保护野生动物名录》，
国家 Ⅱ 级重点保护野生鸟类。

拍摄地点：云南保山。

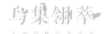

Siberian Rubythroat

鹊鸲

学名：*Copsychus saularis*

别名：四喜、猪屎雀。

外形特征：中型鹟科鸟类，体长 18 ~ 22cm。嘴形粗健而直，长度约为头长的一半或比一半略长；尾呈凸尾状，尾与翅几乎等长或较翅稍长；两性羽色相异，雄鸟上体大都黑色；翅具白斑；下体前黑后白。但雌鸟则以灰色或褐色替代雄鸟的黑色部分。虹膜褐色；嘴黑色；跗跖灰褐色或黑色。

生活习性：主要栖息于海拔 2000m 以下的低山、丘陵和山脚平原地带的次生林、竹林、林缘疏林灌丛、小块丛林等开阔地方。

分布状况：遍布云南全省。国内分布于长江流域及以南的广大地区。

保护及濒危等级：列入《世界自然保护联盟濒危物种红色名录》《国家保护的有益的或者有重要经济、科学研究价值的陆生野生动物名录》物种。

拍摄地点：云南保山。

Oriental Magpie Robin

蓝眉林鸲

学名：*Tarsiger rufilatus*

外形特征：小型鹟科鸟类，体长 12 ~ 15cm。成年雄鸟头部至上背深蓝色，眉纹亮蓝色（有时也会显白），且从眼先延伸至耳部。雌鸟头和上体橄榄褐，眉纹不显或呈隐约细长灰白色，眼圈浅色，喉部纯白色，两胁橙黄色，翅膀同上体颜色且无翼斑，胸及两侧褐色，腹灰白色，腰部和尾亮天蓝色。虹膜黑色；嘴黑色；跗跖黑色或灰褐色。

生活习性：多栖息于海拔 1500m 以上的中高海拔林地和林缘灌丛。

分布状况：分布于中国西南部山地以及青藏高原东部、东南部和南部边缘地带，最北至青海。

拍摄地点：云南保山。

Himalayan Bluetail

北红尾鸲

学名：*Phoenicurus auroreus*

别名：灰顶茶鸲、红尾溜、黄尾鸲、火燕。

外形特征：小型鹟科鸟类，体长13～16cm。雄鸟眼先、头侧、喉、上背及两翼褐黑；头顶及颈背灰色而具银色边缘；体羽余部栗褐，中央尾羽深黑褐。雌鸟上体橄榄褐色，眼圈及尾皮黄色似雄鸟，但色较黯淡。雄鸟下体栗色，雌鸟下体褐色。区别于其他红尾鸲，北红尾鸲雌雄均具有显著的白色倒三角形的翼斑。虹膜褐色；嘴黑色；跗跖为黑色。

生活习性：主要栖息于山地、森林河谷和居民点附近的灌丛中。

分布状况：国内除西北地区外广泛分布。

保护及濒危等级：列入《世界自然保护联盟濒危物种红色名录》，《国家保护的有益的或者有重要经济、科学研究价值的陆生野生动物名录》物种。

拍摄地点：云南保山。

Daurian Redstart

蓝额红尾鸲

学名： *Phoenicurus frontalis*

外形特征： 小型鸫科鸟类，体长 14 ~ 16cm。雄鸟头、颈背蓝色，雄雌两性的尾部均具特殊的"T"形黑色图纹（雌鸟褐色）。虹膜褐色；嘴黑色；跗跖黑色。

生活习性： 主要栖息于海拔 2000m 以上的针叶林或灌丛地带。

分布状况： 分布于中国中部及西南部。

保护及濒危等级： 列入《世界自然保护联盟濒危物种红色名录》。

拍摄地点： 云南盈江。

Blue-fronted Redstart

红尾水鸲

学名： *Rhyacornis fuliginosa*

别名： 蓝石青儿、溪红尾鸲、石燕、铅色水、溪红色鸲、铅色红尾鸲。

外形特征： 小型鹟科鸟类，体长 12～15cm。雄鸟通体大都暗灰蓝色；翅黑褐色；尾羽和尾的上、下覆羽均栗红色。雌鸟上体灰褐色；翅褐色，具两道白色点状斑；尾羽白色、端部及羽缘褐色；尾的上、下覆羽纯白；下体灰色，杂以不规则的白色细斑。虹膜褐色；嘴黑色；跗跖雄鸟黑色、雌鸟暗褐色。

生活习性： 主要栖息于山地溪流与河谷沿岸，尤以多石的林间或林缘地带的溪流沿岸较常见。

分布状况： 全国各省均有分布。

保护及濒危等级： 列入《世界自然保护联盟濒危物种红色名录》。

拍摄地点： 云南保山。

Plumbeous Water Redstart

金色林鸲

学名：*Tarsiger chrysaeus*

外形特征： 小型鹟科鸟类，体长 12 ~ 14cm。头顶至背黄橄榄绿色，眼先和头侧黑褐色，眉纹金橙黄色。肩、翅上小覆羽、腰、尾上覆羽和整个下体概为金橙黄色，两翅黑色。中央尾羽黑色，外侧尾羽橙黄色具黑色端斑。虹膜褐色或黑褐色；嘴暗角褐色，下嘴黄色；跗跖肉褐色或肉色。

生活习性： 繁殖于海拔 2000 ~ 4500m 的针叶林、常绿阔叶林、混交林和林缘疏林灌丛地带，尤以杜鹃等低矮灌丛和竹林间较常见。

分布状况： 分布于滇西、滇西北、滇东北。国内还分布于陕西、甘肃、青海、四川、西藏等地区。

保护及濒危等级： 列入《世界自然保护联盟濒危物种红色名录》。

拍摄地点： 云南盈江。

Golden Bush Robin

灰林䳍

学名：*Saxicola ferreus*

别名：灰丛树石栖鸟

外形特征：小型鹟科鸟类，体长 13 ~ 15cm。雄鸟上体暗灰色具黑褐色纵纹，白色眉纹长而显著，两翅黑褐色具白色斑纹，下体白色，胸和两胁烟灰色。雌鸟上体红褐色微具黑色纵纹，下体颏、喉白色，其余下体棕白色。虹膜褐色；嘴黑色；跗跖黑色。

生活习性：主要栖息于海拔 3000m 以下的林缘疏林、草坡、灌丛以及沟谷、农田、路边灌丛草地。

分布状况：几乎遍布云南全省。国内自西藏向东至四川、陕西、湖北、上海一线以南地区均有分布。

拍摄地点：云南保山。

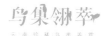
Grey Bushchat

大仙鹟

学名： *Niltava grandis*

外形特征： 大型鹟科鸟类，体长 20 ~ 22cm。雄鸟上体蓝色，头顶、颈侧条纹、肩块及腰部辉蓝，下体黑色。雌鸟橄榄褐色，头顶蓝灰，颈侧具闪辉浅蓝色块，喉具皮黄色三角形块斑。虹膜为深褐色；嘴为黑色；脚为角质色。

生活习性： 主要栖息于常绿阔叶林、竹林和次生林中，冬季多活动在低山和山脚林缘地带，夏季可上到海拔 2000 ~ 2500m 的常绿阔叶林和混交林。

分布状况： 常见于滇西、滇南。国内还分布于西藏。

保护及濒危等级： 列入《世界自然保护联盟濒危物种红色名录》，《中国国家重点保护野生动物名录》，国家 II 级重点保护野生鸟类。

拍摄地点： 云南保山。

Large Niltava

棕腹仙鹟

学名：*Niltava sundara*

外形特征：小到中型鹟科鸟类，体长 13 ~ 16cm。雄鸟上体蓝，下体棕色，具黑色眼罩，头顶、颈侧点斑、肩块及腰部辉蓝。与蓝喉仙鹟的区别在喉黑，胸橘黄渐变成臀部的皮黄色。与棕腹大仙鹟的区别在体羽较亮丽，臀棕黄色较浓，额辉蓝色延伸过头顶。雌鸟褐色，腰及尾近红，项纹白，颈侧具闪辉的浅蓝色斑，眼先及眼圈皮黄。虹膜褐色；嘴黑色；跗跖灰褐色。

生活习性：主要栖息于海拔 1200 ~ 2500m 的阔叶林及竹林中。有随夜间迁徙鸟类活动和趋光现象。

分布状况：几乎遍布云南省各地，常见留鸟。国内还分布于湖北、陕西、西藏、四川、福建、海南等地。

保护及濒危等级：列入《世界自然保护联盟濒危物种红色名录》，《中国国家重点保护野生动物名录》，国家 II 级重点保护野生鸟类。

拍摄地点：云南保山。

Rufous-bellied Niltava

铜蓝鹟

学名：*Eumyias thalassinus*

外形特征：中型鹟科鸟类，体长 14 ~ 17cm。雄鸟眼先黑色；雌鸟色暗，眼先暗黑。雄雌两性尾下覆羽均具偏白色鳞状斑纹。亚成鸟灰褐沾绿，具皮黄及近黑色的鳞状纹及点斑。虹膜褐色；嘴黑色；跗跖黑色。

生活习性：主要栖息于海拔 900 ~ 3700m 的常绿阔叶林、针阔叶混交林等山地森林和林缘地带。

分布状况：国内分布于陕西、四川、云南、西藏、广东、广西等地。

保护及濒危等级：列入《世界自然保护联盟濒危物种红色名录》。

拍摄地点：云南保山。

Verditer Flycatcher

紫啸鸫

学名： *Myophonus caeruleus*

别名： 鸣鸡、乌精。

外形特征： 大型鹟科鸟类，体长 28 ~ 33cm。全身羽毛呈黑暗的蓝紫色，各羽先端具亮紫色的滴状斑，嘴、脚为黑色，此鸟远观呈黑色，近看为紫色，头及颈部的羽尖具闪光小羽片。虹膜褐色；嘴黄色或黑色；跗跖深褐色。

生活习性： 主要栖息于沟谷旁阴湿的阔叶林或多石的小溪、崎岖的岩谷间。黎明或黄昏时活动，有夜间迁徙和趋光习性。

分布状况： 国内见于除东北和青藏高原外的大部分地区。

保护及濒危等级： 列入《世界自然保护联盟濒危物种红色名录》。

拍摄地点： 云南保山。

Blue Whistling-Thrush

栗腹矶鸫

学名：*Monticola rufiventris*

别名：栗色胸石鸫、栗胸矶鸫。

外形特征：较大型鹟科鸟类，体长 21 ～ 25cm。繁殖期雄鸟脸具黑色脸斑。上体蓝，尾、喉及下体余部鲜艳栗色。雌鸟褐色，上体具近黑色的扇贝形斑纹，下体满布深褐及皮黄色扇贝形斑纹。幼鸟具赭黄色点斑及褐色的扇贝形斑纹。虹膜深褐；嘴黑色；跗跖灰褐色。

生活习性：主要活动于海拔 1200m 以上的林地、林缘及开阔地。

分布状况：国内见于东南部及西南部各省，为区域性常见留鸟。

保护及濒危等级：列入《世界自然保护联盟濒危物种红色名录》。

拍摄地点：云南保山。

Chestnut-bellied Rock Thrush

蓝矶鸫

学名： *Monticola solitarius*

别名： 亚东蓝石鸫、水嘴、麻石青。

外形特征： 较大型鸫科鸟类，体长 20 ～ 24cm。雄鸟上体蓝色，下体蓝色或栗色。雌鸟上体灰色沾蓝，下体皮黄而密布黑色鳞状斑纹。雄鸟暗蓝灰色，具淡黑及近白色的鳞状斑纹。腹部及尾下深栗或蓝色。雌鸟上体灰色沾蓝，下体皮黄而密布黑色鳞状斑纹。亚成鸟似雌鸟但上体具黑白色鳞状斑纹。虹膜褐色；嘴黑色；跗跖灰褐色。

生活习性： 主要栖息于多岩山地的岩石和河沟岸上，也常到居民住宅区活动。有夜间迁徙和趋光习性。

分布状况： 国内除青藏高原大部及东北北部外广泛分布。

保护及濒危等级： 列入《世界自然保护联盟濒危物种红色名录》。

拍摄地点： 云南保山。

Blue Rock-Thrush

虎斑地鸫

学名: *Zoothera dauma*

别名: 虎鸫、顿鸫、虎斑山鸫。

外形特征: 鸫类中最大的一种,体长 28 ~ 31cm,翅长超过 15cm。上体金橄榄褐色满布黑色鳞片状斑。下体浅棕白色,除颏、喉和腹中部外,亦具黑色鳞状斑。光背地鸫和长尾地鸫外形和羽色与本种很相似,但体型较本种显著为小,上体无暗色斑纹,亦缺少金色。虹膜深褐色;嘴深灰色至黑色;跗跖灰褐色。

生活习性: 主要栖息于阔叶林、针阔叶混交林和针叶林中,尤以溪谷、河流两岸和地势低洼的密林中较常见。

分布状况: 中国大部分地区可见。

保护及濒危等级: 列入《世界自然保护联盟濒危物种红色名录》,《国家保护的有益的或者有重要经济、科学研究价值的陆生野生动物名录》物种。

拍摄地点: 云南保山。

Scaly Thrush

黑胸鸫

学名： *Turdus dissimilis*

外形特征： 较大型鸫科鸟类，体长 20 ～ 24cm。因其雄鸟整个头部及胸部全黑色而得名。雌鸟上体深橄榄色，颏白，喉具黑及白色细纹，胸橄榄灰并具黑色点斑。胸部灰色而有别于雌灰背鸫。臀白，翼近黑，尾深橄榄色。虹膜褐色；嘴黄色至橘黄色；跗跖粉色至橙黄色。

生活习性： 主要栖息在海拔 1200 ～ 1700m 的丘陵地带。

分布状况： 分布于贵州、云南、广西等地区。

保护及濒危等级： 列入《世界自然保护联盟濒危物种红色名录》，《国家保护的有益的或者有重要经济、科学研究价值的陆生野生动物名录》物种。

拍摄地点： 云南保山。

Black-breasted Thrush

灰背鸫

学名： *Turdus hortulorum*

外形特征： 较大型鸫科鸟类，体长 20 ~ 24cm。两胁棕色，雄鸟上体全灰，雌鸟上体褐色较重，胸侧及两胁具黑色点斑。虹膜褐色；嘴黄色；跗跖肉色。

生活习性： 主要栖息于海拔 1500m 以下的低山丘陵地带，常单独或成对活动。繁殖于西伯利亚东部及中国东北，迁徙经中国东部的大多数地区，越冬于长江以南，偶见于海南及台湾。

分布状况： 分布于中国东北部，长江以南，海南、台湾等地。

保护及濒危等级： 列入《世界自然保护联盟濒危物种红色名录》，《国家保护的有益的或者有重要经济、科学研究价值的陆生野生动物名录》物种。

拍摄地点： 云南保山。

Grey-backed Thrush

乌鸫

学名： *Turdus mandarinus*

别名： 黑鸫、乌鸫、百舌。

外形特征： 大型鸫科鸟类，体长 24 ～ 30cm。雄鸟全黑色，雌鸟上体黑褐色，下体深褐色，嘴暗绿黄色至黑色。与灰翅鸫的区别在翼全深色。虹膜褐色；雄鸟嘴黄色，雌鸟黑色；跗跖褐色。

生活习性： 主要栖息于海拔数百米到 4500m 的次生林、阔叶林、针阔叶混交林中。

分布状况： 国内见于华中、华东、华南、西南及东南等地，部分在海南岛越冬。

保护及濒危等级： 列入《世界自然保护联盟濒危物种红色名录》。

拍摄地点： 云南保山。

Chinese Blackbird

灰翅鸫

学名：*Turdus boulboul*

别名：灰膀鸫。

外形特征：大型鸫科鸟类，体长 27 ~ 29cm。雄鸟似乌鸫，但宽阔的灰色翼纹与其余体羽成对比。腹部黑色具灰色鳞状纹，眼圈黄色。雌鸟全橄榄褐色，翼上具浅红褐色斑。虹膜褐色；嘴橘黄色；跗跖橙色至橙褐色。

生活习性：主要栖息于高至海拔 3000m 的山地森林及灌丛，冬季迁徙至较低海拔或平原地区的林地，性谨慎而惧人。

分布状况：国内主要分布于西南部的有限地区，种群数量稀少。

保护及濒危等级：列入《世界自然保护联盟濒危物种红色名录》。

拍摄地点：云南保山。

Grey-winged Blackbird

黑枕王鹟

学名： *Hypothymis azurea*

别名： 黑枕蓝鹟。

外形特征： 王鹟科鸟类，体长15～17cm。雄鸟头部及上体余部，包括两翼及尾羽皆呈鲜艳的蓝色，且具金属光泽。前额基部黑色，枕部有一黑色斑块。颊部、喉部至胸部均为蓝色，上胸具一黑色横带。腹部及尾下覆羽白色。雌鸟仅头部蓝色，色彩较雄鸟暗淡且缺乏金属光泽。枕部无黑色斑块。上体余部、两翼及尾羽则呈灰褐色。颊、喉淡蓝色，胸部为淡蓝灰色，腹部至尾下覆羽白色。虹膜深褐色，眼周裸露皮肤为亮蓝色；嘴偏蓝色，嘴端为黑色；跗跖蓝灰色。

生活习性： 主要栖息于常绿阔叶林或此生竹林中。

分布状况： 分布于滇西、滇南。国内还分布于四川、贵州、广西、广东、海南及台湾。

保护及濒危等级： 列入《世界自然保护联盟濒危物种红色名录》。

拍摄地点： 云南楚雄。

Black-naped Monarch

白喉扇尾鹟

学名： *Rhipidura albicollis*

外形特征： 大型扇尾鹟，体长 17 ~ 20cm。通体黑灰色，头部较暗，近黑色，额、喉、眉纹白色，在暗色的头部极为醒目。下体深灰而有别于白眉扇尾鹟，但有个别下体色浅。尾较长而宽，常散开呈扇状，除中央一对尾羽外，其余尾羽均具宽阔的白色尖端。虹膜褐色；嘴黑色；跗跖黑色。

生活习性： 主要栖息于海拔 1200 ~ 2800m 的常绿落叶阔叶林、针叶林、针阔叶混交林和山边林缘灌丛与竹林中。

分布状况： 遍布云南省内。

保护及濒危等级： 列入《世界自然保护联盟濒危物种红色名录》。

拍摄地点： 云南德宏。

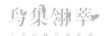
White-throated Fantail

红嘴钩嘴鹛

学名：*Pomatorhinus ferruginosus*

外形特征：较大型鹛类，体长 21 ～ 23cm。上体橄榄褐色，颏、喉白色，胸和腹锈红色或会皮黄色，眉纹白。与棕头钩嘴鹛的区别在嘴粗大而少橙红色，白色的眉线上具黑色条带，脸侧较黑。虹膜草黄色；嘴红色；跗跖浅褐色褐色。

生活习性：主要栖息于海拔 2000m 以下的常绿阔叶林、竹林中。

分布状况：常见于云南东南部、西部。国内还分布于西藏东南部。

保护及濒危等级：列入《世界自然保护联盟濒危物种红色名录》。

拍摄地点：云南盈江。

Coral-billed Scimitar-Babbler

棕头钩嘴鹛

学名： *Pomatorhinus ochraceiceps*

外形特征： 较大型鹛类，体长 22 ~ 24cm。下体白或皮黄，喉及眉纹白，嘴为特征性猩红色。与红嘴钩嘴鹛的区别在白色的眉纹上无黑色线条；胸白，嘴多橙红色且较细长。虹膜浅褐色；嘴橙红色；跗跖浅褐色。

生活习性： 主要栖息于海拔 1200 ~ 2400m 的竹林，常单独或成对活动。

分布状况： 分布于云南盈江、芒市、沧源、西双版纳等地。

保护及濒危等级： 列入《世界自然保护联盟濒危物种红色名录》。

拍摄地点： 云南盈江。

Red-billed Scimitar Babbler

棕颈钩嘴鹛

学名： *Pomatorhinus ruficollis*

别名： 小钩嘴嘈鹛、小钩嘴嘈杂鸟、小钩嘴鹛、小眉、小偃月嘴嘈杂鸟

外形特征： 中型鹛类，体长 16 ～ 21cm。嘴细长而向下弯曲，具显著的白色眉纹和黑色贯眼纹。上体橄榄褐色或棕褐色或栗棕色，后颈栗红色。颏、喉白色，胸白色具栗色或黑色纵纹，也有的无纵纹和斑点，其余下体橄榄褐色。虹膜茶褐色或深棕色；上嘴黑色，先端和边缘乳黄色，下嘴淡黄色；跗跖铅褐色或铅灰色。

生活习性： 主要栖息于低山和山脚平原地带的阔叶林、次生林、竹林和林缘灌丛中。

分布状况： 国内见于长江以南各省。

保护及濒危等级： 列入《世界自然保护联盟濒危物种红色名录》。

拍摄地点： 云南盈江。

Streak-breasted Scimitar-Babbler

细嘴钩嘴鹛

学名： *Pomatorhinus superciliaris*

外形特征： 较大型鹛类，体长 19 ~ 22cm。头青石灰色，狭窄的眉纹白色。上体深红褐；下体锈色略沾皮黄，喉偏白。虹膜灰至红色；嘴黑色；跗跖深褐色。

生活习性： 主要栖息于低山丘陵地带的常绿阔叶林、次生林和竹林中。

分布状况： 国内分布于西藏南部和东南部、云南南部及中部山区森林。

保护及濒危等级： 列入《世界自然保护联盟濒危物种红色名录》，《国家保护的有益的或者有重要经济、科学研究价值的陆生野生动物名录》物种。

拍摄地点： 云南芒市。

Slender-billed Scimitar-Babbler

金头穗鹛

学名： *Cyanoderma chrysaeum*

外形特征： 较小型鹛类，体长 10 ～ 11cm，是一种黄色小鸟。额、头顶和枕金黄色具粗著的黑色轴纹，后颈金黄色较淡，眼先和短的髭纹黑色，颊和耳羽金黄或淡橄榄黄色。其余上体亮橄榄黄色、有的微沾绿色，两翅暗褐色，但翅表面仍为橄榄黄色，尾橄榄褐色，外翈羽缘缀黄色。下体亮黄色，喉中部较淡，腹和两胁缀有绿色。虹膜棕红或金黄褐色；嘴角褐色或石板褐色，下嘴基部较淡；跗跖黄色。

生活习性： 主要栖息于海拔 900 ～ 1300m 的热带雨林、常绿阔叶林、沟谷林、竹林和林缘疏林灌丛。

分布状况： 分布于云南贡山、盈江、勐腊、绿春、屏边等地。国内还分布于西藏。

保护及濒危等级： 列入《世界自然保护联盟濒危物种红色名录》。

拍摄地点： 云南盈江。

Golden Babbler

金眼鹛雀

学名： *Chrysomma sinense*

别名： 黄眼嘈杂鸟、黄眼鹛雀。

外形特征： 中型鹛类，体长 17 ～ 22cm。头顶和上体褐色。尾长而凸，黑色的嘴强健，眼圈橘黄，眼先、颊、喉及上胸净白，至臀部成黄褐色。虹膜黄色；嘴黑色；跗跖黄色。

生活习性： 主要栖息于海拔 900m ～ 1700m 低山丘陵和山角平原地区。

分布状况： 分布于云南、贵州西南部、广西瑶山及广东西江流域。

保护及濒危等级： 列入《世界自然保护联盟濒危物种红色名录》。

拍摄地点： 云南芒市。

Yellow-eyed Babbler

火尾绿鹛

学名： *Myzornis pyrrhoura*

外形特征： 较小型鹛类，体长 11 ～ 13cm。上体绿色，头顶至枕具黑色鳞状斑，眼先和眼后黑色，眉纹黄绿色。两翅黑色具黄色和红色翅斑及白色端斑，极为醒目。中央一对尾羽绿色，外侧尾羽鲜红色。喉、胸棕红色，其余下体棕黄色。虹膜红色或红褐色；嘴黑色或黑褐色；跗跖肉色或肉黄色。

生活习性： 主要栖息于海拔 1600 ～ 4000m 的山地森林、竹林、杜鹃灌丛、矮树丛和高原草甸中。

分布状况： 分布于滇西、滇西北。国内还分布于西藏。

保护及濒危等级： 列入《世界自然保护联盟濒危物种红色名录》。

拍摄地点： 云南泸水。

Fire-tailed Mysornis

红头鸦雀

学名：*Psittiparus ruficeps*

外形特征：大型鸦雀，体长 19 ~ 19.5cm，甚似黑眉鸦雀。雌雄相似，无黑色的眉纹，眼先及眼周围皮肤铅灰而非浅蓝粉色。整个头颈部橙色，背部、两翼及尾羽褐色。下体近白。虹膜红褐；嘴橘黄至深色，嘴端及下嘴灰色；跗跖灰黑色。

生活习性：常栖息于竹林、灌丛及高草丛，有时与其种类混群。

分布状况：分布于滇西。国内还见于西藏。

保护及濒危等级：列入《国家保护的有益的或者有重要经济、科学研究价值的陆生野生动物名录》物种。

拍摄地点：云南盈江。

White-headed Parrotbill

白冠噪鹛

学名： *Garrulax leucolophus*

外形特征： 中型噪鹛，体长 28 ~ 32cm。雌、雄羽色相似，整个头、头侧、羽冠及额、喉和上胸白色；前额基部、眼先、眼周和耳羽黑色。上下体羽概为橄榄褐色。虹膜红褐色或棕红色；嘴黑色；跗跖铅灰色。

生活习性： 主要栖息于海拔 3500m 以下的低山和沟谷常绿阔叶林中。

分布状况： 国内见于西藏东南部、云南西南部。

保护及濒危等级： 列入《世界自然保护联盟濒危物种红色名录》，《国家保护的有益的或者有重要经济、科学研究价值的陆生野生动物名录》物种。

拍摄地点： 云南保山。

White-crested Laughingthrush

黑喉噪鹛

学名：_Garrulax chinensis_

别名：黑喉笑鸫、山呼鸟、珊瑚鸟、山胡鸟。

外形特征：中型噪鹛，体长 23 ~ 29cm。头侧及喉黑色，脸颊白色。黑喉、眼后有一大块白斑。虹膜红色；嘴黑色；跗跖灰黑色至肉色。

生活习性：主要栖息于海拔 1500m 以下的低山和丘陵地带的树林中。华南和西南热带山区常见留鸟，喜在次生林、竹丛、灌丛中出没。黑喉噪鹛因叫声响亮动听，常被作为观赏鸟饲养。

分布状况：主要分布于云南、广东、海南等地。

保护及濒危等级：列入《世界自然保护联盟濒危物种红色名录》，《国家保护的有益的或者有重要经济、科学研究价值的陆生野生动物名录》物种，《中国国家重点保护野生动物名录》，国家Ⅱ级重点保护野生鸟类。

拍摄地点：云南保山。

Black-throated Laughingthrush

白颊噪鹛

学名： *Garrulax sannio*

别名： 白颊笑鸫、白眉笑鸫、白眉噪鹛、土画眉、烂叶子雀。

外形特征： 小型噪鹛，体长 21 ～ 24cm。雌雄羽色相似。前额至枕深栗褐色，眉纹白色或棕白色、细长，往后延伸至颈侧。背、肩、腰和尾上覆羽等其余上体包括两翅表面棕褐或橄榄褐色，尾栗褐或红褐色，飞羽暗褐色，外翈羽缘沾棕。颊、喉和上胸淡栗褐色或棕褐色，下胸和腹多呈淡棕黄色或淡棕色，两胁暗棕色。虹膜褐色；嘴黑色；跗跖褐色。

生活习性： 主要栖息于海拔 2000m 以下的低山丘陵和山脚平原等地的矮树灌丛和竹丛中。

分布状况： 云南全省均有分布。国内还分布于甘肃、陕西、四川、贵州、西藏。

保护及濒危等级： 列入《世界自然保护联盟濒危物种红色名录》，《国家保护的有益的或者有重要经济、科学研究价值的陆生野生动物名录》物种。

拍摄地点： 云南保山。

White-browed Laughingthrush

红头噪鹛

学名：*Trochalopteron erythrocephalum*

外形特征：中型噪鹛，体长 24 ~ 26cm。体羽大致暗褐色，眼先、颏、喉黑色，耳羽灰色，头顶红棕色，翼缘金黄色，上背、肩及胸部具黑色鳞状斑。虹膜褐色；嘴黑色；跗跖灰色至褐色。

生活习性：主要栖息于海拔 900 ~ 3000m 的常绿阔叶林、竹林、沟谷林、针阔叶混交林和林缘次生林中。稀有留鸟。

分布状况：分布于中国西藏南部和云南西部。

保护及濒危等级：列入《世界自然保护联盟濒危物种红色名录》，《国家保护的有益的或者有重要经济、科学研究价值的陆生野生动物名录》物种。

拍摄地点：云南盈江。

Chestnutcrowned Laughingthrush

红尾噪鹛

学名：*Trochalopteron milnei*

别名：赤尾噪鹛。

外形特征：中型噪鹛，体长 24 ～ 28cm。头顶至后颈红棕色，两翼及尾绯红。似丽色噪鹛，区别为顶冠及颈背棕色，背及胸具灰色或橄榄色鳞斑。耳羽浅灰。诸亚种在背部及耳羽的色彩上略有差异。虹膜深褐色；嘴偏黑色；跗跖黑色。

生活习性：主要栖息于海拔 1500 ～ 2000m 的常绿阔叶林、竹林和林缘灌丛带。

分布状况：分布于四川、贵州、云南、广西、福建。

保护及濒危等级：列入《世界自然保护联盟濒危物种红色名录》，《国家保护的有益的或者有重要经济、科学研究价值的陆生野生动物名录》物种，《中国国家重点保护野生动物名录》，国家 II 级重点保护野生鸟类。

拍摄地点：云南保山。

Red-tailed Laughingthrush

红翅薮鹛

学名： *Liocichla phoenicea*

外形特征： 较大型鹛类，体长 21 ～ 24cm。头顶灰褐色，头侧和颈侧赤红色，上体橄榄褐色，翅上具红色块斑，尾具红色或橙黄色块斑，下体灰色沾褐。虹膜褐色或红色；嘴黑色；跗跖暗褐色或淡灰褐色。

生活习性： 主要栖息于海拔 1000 ～ 2500m 的常绿阔叶林和次生林中，也出入于林缘疏林和灌丛。

分布状况： 云南省内广泛分布。

保护及濒危等级： 列入《世界自然保护联盟濒危物种红色名录》，《国家保护的有益的或者有重要经济、科学研究价值的陆生野生动物名录》物种。

拍摄地点： 云南盈江。

Red-faced Liocichla

斑胁姬鹛

学名：*Cutia nipalensis*

外形特征：体型中等，体长约 19cm，头顶蓝灰色，贯眼纹黑色。上背、背、腰橙棕色，下体白色，两胁具黑色横斑。虹膜红褐色；嘴略黑；脚黄至橘黄色。

生活习性：主要栖息于热带和亚热带山地海拔 1800～2600m 的长绿阔叶林或苔藓林地带。

分布状况：分布于西藏、四川、云南。

保护及濒危等级：列入《国家保护的有益的或者有重要经济、科学研究价值的陆生野生动物名录》物种。

拍摄地点：云南盈江。

鸟巢翎萃
云南珍稀鸟类鉴赏

Himalayan Cutia

银耳相思鸟

学名： *Leiothrix argentauris*

别名： 黄嘴玉、七彩相思鸟。

外形特征： 中型鹛类，体长 14 ~ 18cm。头顶黑色，耳羽银灰色，前额橙黄色；外侧飞羽橙黄色，基部朱红色，极为鲜艳、醒目。尾圆形，尾上、尾下覆羽朱红色，尾暗灰褐色，外侧尾羽橙黄色，其余上体橄榄绿或橄榄黄色。喉、胸朱红色或黄色，嘴橙黄色。雌鸟和雄鸟基本相似，但尾上和尾下覆羽多为橙黄色。虹膜红褐色或褐色；嘴橙黄色或黄色；跗跖黄褐色、褐色或肉黄色。

生活习性： 主要栖息于海拔 2000m 以下的常绿阔叶林、竹林和林缘灌丛地带。

分布状况： 分布于滇西、滇东南和滇南。国内还分布于西藏、贵州和广西。

保护及濒危等级： 列入《世界自然保护联盟濒危物种红色名录》，《中国国家重点保护野生动物名录》，国家 II 级重点保护野生鸟类。

拍摄地点： 云南保山。

Silver-eared Mesia

红嘴相思鸟

学名：*Leiothrix lutea*

外形特征：较小型鹛类，体长 13 ～ 15cm。上体暗灰绿色，眼先、眼周淡黄色，耳羽浅灰色或橄榄灰色。两翅具黄色和红色翅斑，尾叉状，黑色，颏、喉黄色，胸橙黄色。虹膜暗褐色或淡红褐色；嘴赤红色，基部黑色；跗跖为黄褐色。

生活习性：主要栖息于海拔 1200 ～ 2800m 的山地常绿阔叶林、常绿落叶混交林、竹林和林缘疏林灌丛地带，有时也进到村舍、庭院和农田附近的灌木丛中。

分布状况：云南省内分布广泛。国内还分布于长江以南广大地区。

保护及濒危等级：列入《世界自然保护联盟濒危物种红色名录》，《中国国家重点保护野生动物名录》，国家 II 级重点保护野生鸟类。

拍摄地点：云南保山。

Red-billed Leiothrix

蓝翅希鹛

学名： *Minla cyanouroptera*

外形特征： 较小型鹛类，体长 14 ～ 15cm，雌雄相似，头具羽冠；头顶灰褐色，具黑色和淡蓝色条纹；眉纹和眼周白色。上体及尾上覆羽赭褐色；尾羽上面暗灰色具蓝色边缘，外侧尾羽边缘黑色。颏至上胸灰色沾淡葡萄酒色；腹部中央和尾下覆羽白色，尾羽下面白色，羽缘黑色。虹膜褐色；嘴纤细，基部稍宽，嘴峰稍曲，黑褐色，下嘴基部黄褐色；跗跖黄褐色。

生活习性： 主要栖息于亚热带或热带海拔 600 ～ 2400m 的阔叶林、针阔叶混交林、针叶林和竹林中，尤以茂密的常绿阔叶林和次生林较常见。

分布状况： 云南各地均有分布。国内还分布于四川、贵州、广西、湖南及海南等地。

保护及濒危等级： 列入《世界自然保护联盟濒危物种红色名录》，《国家保护的有益的或者有重要经济、科学研究价值的陆生野生动物名录》物种。

拍摄地点： 云南盈江。

Blue-winged Minla

斑喉希鹛

学名：*Chrysominla*

外形特征：中型鹛类，体长 15 ~ 18cm。头具羽冠，前额和头顶羽冠金黄褐色，头侧灰黄色具黄色眼圈。上体灰橄榄绿色，外侧飞羽表面橘黄色、基部具黑色翼斑；内侧飞羽表面淡灰色具黑色亚端斑和白色端斑。尾羽黑色，基部栗色，羽缘和羽端黄色。颊黑色，颏橘黄色，喉白色具黑色横斑，其余下体淡黄色。虹膜褐色；上嘴灰褐色或暗褐色，下嘴灰黄色或灰褐色；跗跖暗灰色。

生活习性：主要栖息于海拔 1800 ~ 3500m 的常绿阔叶林、针阔叶混交林和次生林中。

分布状况：云南省内分布广泛。国内还分布于西藏、四川等地。

保护及濒危等级：列入《世界自然保护联盟濒危物种红色名录》，《国家保护的有益的或者有重要经济、科学研究价值的陆生野生动物名录》物种。

拍摄地点：云南盈江。

Bar-throated Minla

红尾希鹛

学名：*Minla ignotincta*

外形特征：较小型鹛类，体长 12 ~ 15cm。具宽阔的白色眉纹与黑色的顶冠，尾缘及初级飞羽羽缘均红色。背橄榄灰色，两翼余部黑色而缘白，尾中央黑色，下体白而略沾奶色。雌鸟及幼鸟翼羽羽缘较淡，尾缘粉红。虹膜灰色；嘴灰色；跗跖黄褐色。

生活习性：主要栖息于海拔 1800 ~ 3000m 的常绿阔叶林中。

分布状况：分布于四川、贵州、广西、云南、湖南等地。

保护及濒危等级：列入《国家保护的有益的或者有重要经济、科学研究价值的陆生野生动物名录》物种。

拍摄地点：云南保山。

Red—tailed Minla

长尾奇鹛

学名：*Heterophasia picaoides*

外形特征：较大型而尾长的鹛类，体长 21.5～24.5cm。上体包括两翅和尾鼠灰色，头顶和两翅较深，尾较淡，尾呈凸状、特长、具灰白色端斑，翅具显著的白色翅斑，在黑色的翅上极为醒目。喉胸褐灰色，到腹逐渐变为灰白色。虹膜红色；嘴黑色；跗跖灰褐色。

生活习性：主要栖息于海拔 2400m 以下的山地常绿阔叶林、混交林、针叶林和沟谷林中。

分布状况：分布于云南盈江、芒市、澜沧和绿春等地。国内还见于广西。

保护及濒危等级：列入《世界自然保护联盟濒危物种红色名录》。

拍摄地点：云南盈江。

Long-tailed Sibia

栗额斑翅鹛

学名： *Actinodura egertoni*

别名： 栗眶斑翅鹛、锈额斑翅鹛。

外形特征： 中等体型，体长 22.5cm。头顶具浓密的冠羽，前额栗棕色，头顶灰褐色。上体棕褐色，两翅棕褐色具黑色横斑，翅基外缘有一黑斑，尾呈凸状，棕褐色具黑色横斑。下体棕褐色，腹中部白色。虹膜褐色、红褐色或橄榄黄色，嘴淡角褐色或铅褐色，下嘴乳黄色或褐黄色，脚淡褐色或灰褐色。

生活习性： 主要栖息于海拔 900 ~ 2600m 的常绿阔叶林和季雨林中。

分布状况： 分布于云南贡山、盈江、龙陵、永德等地。西藏也有分布。

保护及濒危等级： 列入《世界自然保护联盟濒危物种红色名录》。

拍摄地点： 云南盈江。

Rusty-fronted Barwing

白头鵙鹛

学名： *Gampsorhynchus rufulus*

外形特征： 尾长的较大型鹛类，体长21～24cm。头全白，尾长而凸，尾端有狭窄白色。下体偏白，腹部沾皮黄。虹膜黄色；嘴铅色，下嘴较淡；跗跖偏粉色。

生活习性： 主要栖息于海拔2000m以下的阔叶林、竹林和次生林中。

分布状况： 常见于云南盈江、芒市等地。

保护及濒危等级： 列入《世界自然保护联盟濒危物种红色名录》。

拍摄地点： 云南保山。

White-hooded Babbler

红翅鵙鹛

学名： *Pteruthius aeralatus*

外形特征： 中型鹛类，体长 14~18cm。头似伯劳，但尾较短，上体色暗，下体色淡，翅具红斑。雄鸟额头顶及枕黑色，具黑蓝色金属光泽；背、腰及尾上覆羽灰蓝色；眼先黑色；颊及耳羽黑色染灰；眉纹白色从眼前缘后伸达颈侧。雌鸟额、头顶及枕蓝灰色，背及尾上覆羽黄褐色；眼先、颊及耳羽似头顶，但色较淡；眉纹灰白，自眼前上缘后伸达枕部。虹膜棕褐色；上嘴黑色，具明显的钩和缺，下嘴角白色；跗跖肉色。

生活习性： 主要栖息于落叶阔叶林、常绿阔叶林和针阔混交林的山地森林中。

分布状况： 常见于云南西部。国内还分布于西藏、四川、广西、福建、海南等地。

保护及濒危等级： 列入《世界自然保护联盟濒危物种红色名录》。

拍摄地点： 云南保山。

White-browed Shrike-babbler

纯色山鹪莺

学名： *Prinia inornata*

外形特征： 中型扇尾莺，体长约11cm。尾长，眉纹色浅，背色较浅且较褐山鹪莺色单纯。上体暗灰褐，下体淡皮黄色至偏红。虹膜浅褐色；嘴近黑色；跗跖肉色。

生活习性： 主要栖息于海拔1500～2000m低山和山角地带的灌丛与草丛中。

分布状况： 国内常见于包括海南在内的长江周边及其以南地区。

拍摄地点： 云南东川。

Plain Prinia

橙斑翅柳莺

学名： *Phylloscopus pulcher*

别名： 柳串儿、柳叶儿、绿豆雁。

外形特征： 小型鸟类，体长 9~12cm。头顶暗绿色具不明显的淡黄色中央冠纹，眉纹黄绿色，贯眼纹黑色。背橄榄绿色，腰黄色形成明显的黄色腰带。两翅和尾暗褐色，大覆羽和中覆羽具橙黄色先端，在翅上形成两道橙黄色翅斑，外侧 3 对尾羽大都白色。下体灰绿黄色。虹膜黑褐色；嘴黑褐色，下嘴基部暗黄色；脚褐色或暗褐色。

生活习性： 主要栖息于海拔 1500~4000m 的山地森林和林缘灌丛中，尤以高山针叶林和杜鹃灌丛中较常见。

分布状况： 分布于云南贡山、丽江、香格里拉、腾冲、德钦、盈江、芒市、宾川、大理、永德、澜沧、西盟、景东、新平等地。国内还分布于陕西、甘肃、青海、四川。

保护及濒危等级： 列入《世界自然保护联盟濒危物种红色名录》，《国家保护的有益的或者有重要经济、科学研究价值的陆生野生动物名录》物种。

拍摄地点： 云南盈江。

Buff-barred Warbler

绿背山雀

学名： *Parus monticolus*

别名： 青背山雀。

外形特征： 绿背山雀雄雌同形同色。头部除后颈、颊部及耳羽白色外，均为黑色。背部黄绿色，两翼及尾羽黑色。飞羽及尾羽外翈蓝灰色形成浅色翼纹。最为显眼的是肩部绿色区域与颈部黑色区域交界处有一条细的亮黄色环带，有一条纵贯整个下体的粗的黑色条带。下体由胸侧的黄色过渡为两肋的黄色，臀部及尾下覆羽灰色。虹膜褐色；嘴黑色；跗跖铅灰色。

生活习性： 主要栖息于海拔 1000 ~ 4000m 的山地针叶林和针阔叶混交林。

分布状况： 分布于云南、西藏、贵州、四川等地。属于稀有鸟种。

保护及濒危等级： 列入《国家保护的有益的或者有重要经济、科学研究价值的陆生野生动物名录》物种。

拍摄地点： 云南安宁。

Green-backed Tit

黄颊山雀

学名： *Machlolophus spilonotus*

别名： 催耕鸟。

外形特征： 大型山雀，体长 14 ~ 15.5cm。头顶和羽冠黑色，前额、眼先、头侧和枕鲜黄色，眼后有一黑纹。上背黄绿色、羽缘黑色，下背绿灰色（西藏亚种），或上背黑色而具蓝灰色轴纹，下背蓝灰色（华南亚种）。颏、喉、胸黑色并沿腹中部延伸至尾下覆羽，形成一条宽阔的黑色纵带，纵带两侧为黄绿色或蓝灰色。虹膜暗褐色；嘴黑色；跗跖铅灰色。

生活习性： 主要栖息于海拔 2000m 以下的低山常绿阔叶林、针阔叶混交林、针叶林、人工林和林缘灌丛等各类树林中。

分布状况： 分布于云南西部、南部。国内还分布于西藏、广西、湖南、福建等地。

保护及濒危等级： 列入《世界自然保护联盟濒危物种红色名录》，《国家保护的有益的或者有重要经济、科学研究价值的陆生野生动物名录》物种。

拍摄地点： 云南保山。

Yellow-cheeked Tit

红头长尾山雀

学名： *Aegithalos concinnus*

别名： 小老虎、红宝宝儿、红顶山雀、红白面只、黑喉长尾山雀。

外形特征： 小型鸟类，体长约10cm。色彩鲜明，是一种山林留鸟，红头红胸、黑脸黑背。头顶及颈背棕色，过眼纹宽而黑，额及喉白且具黑色圆形胸兜，下体白而具不同程度的栗色。幼鸟头顶色浅，喉白，具狭窄的黑色项纹。虹膜黄色；嘴黑色；跗跖橘黄色。

生活习性： 主要栖息于针叶林、阔叶林、竹林和灌木丛中。

分布状况： 分布于西藏、云南和长江流域。

保护及濒危等级： 列入《世界自然保护联盟濒危物种红色名录》，《国家保护的有益的或者有重要经济、科学研究价值的陆生野生动物名录》物种。

拍摄地点： 云南昆明。

Black−throated Bushtit

绒额䴓

学名： *Sitta frontalis*

外形特征： 体长 10 ～ 13cm。嘴红色，前额天鹅绒黑色，头后、背及尾紫罗兰色，初级飞羽具亮蓝色闪辉。雄鸟眼后具一道黑色眉纹。下体偏粉色，颏近白。幼鸟色暗而嘴近黑。 虹膜黄色，眼周裸露皮肤偏红；嘴红色而端黑；跗跖灰褐色。

生活习性： 主要栖息于海拔 400 ～ 1800m 的山地沟谷、山坡或山顶的常绿阔叶林和针阔混交林内。

分布状况： 分布于云南、广西、贵州、西藏等地。

保护及濒危等级： 列入《世界自然保护联盟濒危物种红色名录》。

拍摄地点： 云南保山。

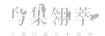
Velvet-fronted Nuthatch

栗臀䴓

学名：*Sitta nagaensis*

外形特征：中等大小的䴓，体长约 13cm。似普通䴓但下体浅皮黄色，喉、耳羽及胸沾灰而与两胁的深砖红色成强烈对比。尾下覆羽深棕色，两侧各有一道明显的白色鳞状斑纹而成的条带。虹膜深褐色；嘴黑色，下颚基部灰色；跗跖黄褐色至近黑色。

生活习性：主要栖息于海拔 1400 ~ 2600m 的混合林。

分布状况：分布于云南、西藏、四川、贵州、福建等地。

保护及濒危等级：列入《世界自然保护联盟濒危物种红色名录》。

拍摄地点：云南保山。

Chestnut-vented Nuthatch

黑胸太阳鸟

学名：*Aethopyga saturata*

外形特征：花蜜鸟，雄鸟体长 14 ～ 15cm，雌鸟体长
10cm。雄鸟中央尾羽特长，尾呈楔形。头顶至后颈紫
蓝色，背褐红色，腰有一黄色横带。上背暗淡紫色，
喉黑，胸灰橄榄色而具细小的深暗色纵纹。虹膜褐色；
嘴黑色；跗跖深褐色。

生活习性：主要栖息于海拔 1000m 以下的低山丘陵和
山脚平原地带。

分布状况：分布于云南、西藏东南部和广西南部。

保护及濒危等级：列入《世界自然保护联盟濒危物种
红色名录》，《国家保护的有益的或者有重要经济、
科学研究价值的陆生野生动物名录》物种。

拍摄地点：云南昆明。

Black—throated Sunbird

黄腰太阳鸟

学名： *Aethopyga siparaja*

外形特征： 花蜜鸟，雄鸟体长 12 ~ 15cm，雌鸟体长
10cm。嘴细长而向下弯曲，雄鸟额和头顶前部金属绿
色，头顶后部橄榄褐色。其余头、颈、背、肩、颏、喉、
胸以及翅上中覆羽和小覆羽概为红色，腰黄色，颧纹
和尾紫绿色。中央一对尾羽特形延长，腹至尾下覆羽
灰绿色沾黄色。雌鸟上体灰橄榄绿色，腰和尾上覆羽
橄榄黄色，下体灰色沾橄榄黄色。虹膜棕红色、红褐
色或暗褐色；嘴灰褐色；跗跖黑褐色或暗褐色。

生活习性： 主要栖息于海拔 1500m 以下的低山和山脚
平原等开阔地带的次生林、竹林和常绿阔叶林中。

分布状况： 分布于云南各地。国内还分布于广西、
广东。

保护及濒危等级： 列入《世界自然保护联盟濒危物种
红色名录》，《国家保护的有益的或者有重要经济、
科学研究价值的陆生野生动物名录》物种。

拍摄地点： 云南盈江。

Crimson Sunbird

蓝喉太阳鸟

学名：*Aethopyga gouldiae*

外形特征：花蜜鸟，体长 11～16cm。雄鸟前额至
头顶、颊和喉辉紫蓝色，背、胸、头侧、颈侧朱红
色，腰腹黄色，中央尾羽紫蓝色。雌鸟上体橄榄色，
下体绿黄，颊及喉烟橄榄色。虹膜深褐色；嘴黑色；
跗跖黑褐色。

生活习性：主要栖息于海拔 4000m 以下的阔叶林、稀
树灌木丛、竹林和花丛中，常见成小群在杜鹃花丛中
活动。

分布状况：国内见于华中及西南大多数地区。

保护及濒危等级：列入《世界自然保护联盟濒危物种
红色名录》，《国家保护的有益的或者有重要经济、
科学研究价值的陆生野生动物名录》物种。

拍摄地点：云南昆明。

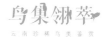

Mrs Gould's Sunbird

火尾太阳鸟

学名：*Aethopyga ignicauda*

外形特征：花蜜鸟，雄鸟体长 15 ~ 20cm，雌鸟体长 9 ~ 11cm。雄鸟红色，具形长的艳猩红色中央尾羽。头顶金属蓝色，眼先和头侧黑色，喉及髭纹金属紫色。下体黄色，胸具艳丽的橘黄色块斑。雌鸟灰橄榄色，腰黄，体型比雄鸟小许多。虹膜褐色；嘴黑色；跗跖黑色。

生活习性：夏季主要栖息于海拔 1900m 以上的中、高山常绿阔叶林、常绿落叶阔叶混交林和杜鹃灌丛中，冬季多下到海拔 1500m 的低山和山脚平原地带。

分布状况：分布于云南西部、西北部。国内还见于西藏。

保护及濒危等级：列入《世界自然保护联盟濒危物种红色名录》，《国家保护的有益的或者有重要经济、科学研究价值的陆生野生动物名录》物种。

拍摄地点：云南禄劝。

Fire-tailed Sunbird

纹背捕蛛鸟

学名：*Arachnothera magna*

别名：芭蕉鸟。

外形特征：花蜜鸟，体长 17 ~ 21cm。嘴粗长尖且向下弯曲，上体橄榄色，羽中心黑色而成粗显的纵纹，下体黄白而具黑色纵纹。虹膜褐色；嘴黑色；跗跖橘黄色。

生活习性：主要栖息于海拔 1500m 以下的常绿阔叶林和热带雨林中。

分布状况：分布于西藏、云南、贵州、广西等地。

保护及濒危等级：列入《世界自然保护联盟濒危物种红色名录》，《国家保护的有益的或者有重要经济、科学研究价值的陆生野生动物名录》物种。

拍摄地点：云南保山。

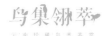
Streaked Spider Hunter

黄颈凤鹛

学名： *Yuhina flavicollis*

外形特征： 较小型鹛类，体长 12 ~ 12.5cm。眼圈白，领环皮黄褐色。黑色的髭纹将灰色的头后与白色的喉隔开。上体全褐，胸侧及两胁淡黄褐，脸侧具特征性的白色纵纹。虹膜褐色；上嘴深褐色，下嘴浅褐色；跗跖黄褐。

生活习性： 主要栖息于海拔 1500 ~ 2400m 的山地常绿阔叶林、沟谷雨林等。

分布状况： 分布于云南、西藏等地。

保护及濒危等级： 列入《世界自然保护联盟濒危物种红色名录》。

拍摄地点： 云南盈江。

Whiskered Yuhina

暗绿绣眼鸟

学名：*Zosterops japonicus*

别名：绣眼儿、粉眼儿、白眼儿、白目眶、粉燕儿。

外形特征：小型雀形目鸟类，体长 10 ~ 12cm。上体绿色，眼周有一白色眼圈极为醒目。下体白色，颏、喉和尾下覆羽淡黄色。虹膜红褐色或橙褐色；嘴黑色，下嘴基部稍淡；跗跖暗铅色或灰黑色。

生活习性：主要栖息于阔叶林和以阔叶树为主的针阔叶混交林、竹林、次生林等各种类型森林中，也栖息于果园、林缘以及村寨和地边高大的树上。性活泼，在林间的树枝间敏捷地穿飞跳跃。

分布状况：云南全境均有分布。国内还分布于华东、华中、西南、华南、东南及台湾等地。

保护及濒危等级：列入《世界自然保护联盟濒危物种红色名录》，《国家保护的有益的或者有重要经济、科学研究价值的陆生野生动物名录》物种。

拍摄地点：云南盈江。

Japanese White-eye

红胁绣眼鸟

学名： *Zosterops erythropleurus*

别名： 白眼儿、粉眼儿、褐色胁绣眼、红胁白目眶、红胁粉眼。

外形特征： 小型雀形目鸟类，体长 10.5 ~ 11.5cm。与暗绿绣眼鸟及灰腹绣眼鸟的区别在上体灰色较多，两胁栗色，下颚色较淡，黄色的喉斑较小。头顶无黄色，眼周具明显的白圈。体形大小和上体羽色均与暗绿绣眼鸟相似，但两胁呈显著的栗红色，与其他绣眼鸟极易区别。虹膜红褐色；嘴橄榄色；跗跖灰色。

生活习性： 主要栖息于海拔 1000m 以上的原始森林及次生林。

分布状况： 分布于云南西部、南部、东北部。国内还见于东北、华中、华南及华东等地。

保护及濒危等级： 列入《世界自然保护联盟濒危物种红色名录》，《中国国家重点保护野生动物名录》，国家 II 级重点保护野生鸟类。

拍摄地点： 云南保山。

Chestnut−flanked White−eye

灰腹绣眼鸟

学名：*Zosterops palpebrosus*

外形特征：小型雀形目鸟类，体长约10cm。上体黄绿色，眼周具一白色眼圈，眼先和眼下方黑色。颏、喉和上胸鲜黄色，下胸和两胁灰色，腹灰白色，中央具不甚明显的黄色纵纹，尾下覆羽鲜黄色。虹膜灰褐或红褐色；嘴黑色；跗跖灰黑色。

生活习性：主要栖息于海拔1200m以下的低山丘陵和山脚平原地带的常绿阔叶林和次生林中，尤喜河谷阔叶林和灌丛。

分布状况：云南分布广泛。

保护及濒危等级：列入《世界自然保护联盟濒危物种红色名录》，《国家保护的有益的或者有重要经济、科学研究价值的陆生野生动物名录》物种。

拍摄地点：云南保山。

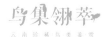
Oriental White-eye

红梅花雀

学名：*Amandava amandava*

别名：梅花雀、红雀、珍珠鸟、红珍珠、红色小文鸟、草莓雀、青珍珠雀等。

外形特征：体长 9 ~ 10cm。雄鸟绯红，两翼及尾近黑，两胁、两翼及腰有均匀的白色小点斑。雌鸟下体灰皮黄色，上背褐，腰红，两翼及尾偏黑，翼上有白色点斑。虹膜棕红色；嘴红色；跗跖粉色。

生活习性：主要栖息于海拔 1500m 以下的低山、丘陵平原、河谷与湖泊沿岸。

分布状况：分布于云南、贵州及海南等地。

保护及濒危等级：列入《世界自然保护联盟濒危物种红色名录》，《国家保护的有益的或者有重要经济、科学研究价值的陆生野生动物名录》物种。

拍摄地点：云南西双版纳。

Red Avadavat

血雀

学名： *Carpodacus sipahi*

外形特征： 中型燕雀科鸟类，体长 17 ~ 18cm。雄鸟醒目，全身猩红色，飞羽偏黑而羽缘红色。雌鸟上体橄榄褐色，下体灰，具偏深色的杂斑，腰黄。雄性幼鸟似雌鸟但上体具棕色调，腰橘黄色较多。虹膜深褐色；上嘴粉褐色，下嘴角质黄色；跗跖褐色。

生活习性： 主要栖息于海拔 2000m 左右的山林中。

分布状况： 分布于西藏东南、云南西部。

保护及濒危等级： 列入《世界自然保护联盟濒危物种红色名录》，《国家保护的有益的或者有重要经济、科学研究价值的陆生野生动物名录》物种。

拍摄地点： 云南保山。

Scarlet Finch

后　记

经过数年的艰苦拍摄、策划、整理、编辑，这本《鸟集翎萃》终于出版问世了。虽然我长期致力风光及建筑摄影，鸟类非我的专业，更谈不上有什么研究，只是随着时间过往，对观鸟、拍鸟越来越着迷。云南从事鸟类研究的专家很多，专著、成果也不少。在此有点班门弄斧，心中难免有一些忐忑……

五年前一个偶然的机会，我被朋友带到云南巧家观看并拍摄一种叫粟喉蜂虎的小鸟，那里有成百上千的小鸟在沙壁上筑巢。阳光下，它们全身闪烁着金属般的光泽，上下翻飞时，尾翼随风飘动，璀璨、炫目。那一刻，我似乎感受到了自由飞翔的快乐，从此我便爱上了鸟类拍摄。

几年来，为寻找、拍摄各种鸟类，我行走数万公里，几乎走遍了云南的山山水水。拍鸟这个行当，苦在千难万险，美在千姿百态，特别是在云南，山高路险，为接近目标完成心中认为最完美的构图，常需身背几十公斤的设备爬山涉水去完成拍摄计划。

多年来，我试着用自己的生命去感受另一种生命，去揣摩动物的生活习性，用影像的方式记录下它们最美的姿态。在我看来，世界上没有比鸟更俊俏的动物。

鸟的身体都是玲珑饱满的，蹦蹦跳跳，脚步那样轻灵，好似脚上装有弹簧。它们喜欢高踞枝头，临风顾盼，让观者忍不住在心里喝彩。当它们倏然藏了踪影，总是给苦苦等候的摄影迷留下无限惆怅。这些美丽的小精灵，让世界变得更加灵动，让人珍视生命、自由、美好。

鸟——大自然的精灵，人类的朋友，是目前自然界中较容易为人所接近的野生动物。多年来观鸟、拍鸟，我在亲近、享受自然的过程中也获得了丰富的知识。拍鸟的乐趣就在于发现、期待，挑战自我的耐力和观察力，因为我永远不知道鸟的下一个姿态和动作是什么，会抓拍到怎样的瞬间。置身自然，我的所思所想所为，和溪水、鸟语、花香一样，都是大自然的造化，在大自然中合而为一，正所谓"你未看此花时，此花与汝同归于寂；你来看此花时，则此花颜色一时明白起来"。

《鸟集翎萃》是我数年观鸟、拍鸟的一个小结，尽管记录的只是云南鸟类的一小部分，但我还是想通过它向读者展示云南的自然生态美和生物的多样性，让更多爱鸟、拍鸟的朋友了解云南鸟类的特点和状况。如果照片中这些精灵能给读者带来美的享受，暂时忘记生活的烦恼，我就十分欣慰了。2022年的冬天是一个不平常的冬天，愿大家平安！在即将到来的春天里，愿我们能像小鸟一样自由地飞翔。最后，让我们为人类能与大自然和谐共处而努力，祈祷世界的每个角落都充满鸟语花香。

这本画册在出版过程中得到了云南大学出版社赵红梅、刘雨，云南大学赵雪冰，郗俊敏，昆明理煜印务有限公司、昆明理雅电脑图文设计有限公司的鼎力相助，特此致谢。感谢好朋友陈晓明、杨永祥、何显杰的大力支持，承蒙谢伟、王倩岚老师提供了绿孔雀、勺鸡照片。有了他们的帮助，这本书得以顺利出版，在此向他们表示诚挚的感谢！

张雁鸽

2022 年 12 月于昆明